中华医学健康科普工程
突发应急事件公众心理应对指南系列丛书

突发应急事件儿童青少年心理问题识别及应对

王长虹 高昶 丛书主编

马静 王长虹 主编

中华医学会科学普及部
中华医学会行为医学分会
中华医学会精神医学分会
中国医师协会精神科医师分会
组织编写

中华医学电子音像出版社
CHINESE MEDICAL MULTIMEDIA PRESS
北京

图书在版编目（CIP）数据

突发应急事件儿童青少年心理问题识别及应对/马静，王长虹主编.—北京：中华医学电子音像出版社，2021.1

（突发应急事件公众心理应对指南系列丛书/王长虹，高昶主编）

ISBN 978-7-83005-337-6

Ⅰ.①突… Ⅱ.①马…②王… Ⅲ.①突发事件-紧急事件-儿童-心理影响-研究②突发事件-紧急事件-青少年-心理影响-研究 Ⅳ.①B844.1 ②B844.2

中国版本图书馆CIP数据核字（2020）第258601号

突发应急事件儿童青少年心理问题识别及应对
TUFA YINGJI SHIJIAN ERTONG QINGSHAONIAN XINLI WENTI SHIBIE JI YINGDUI

主　　编：	马　静　王长虹
策划编辑：	裴　燕
责任编辑：	宫宇婷　周寇扣
校　　对：	张　娟
责任印刷：	李振坤
出版发行：	中华医学电子音像出版社
通信地址：	北京市西城区东河沿街69号中华医学会610室
邮　　编：	100052
E－mail：	cma-cmc@cma.org.cn
购书热线：	010-51322677
经　　销：	新华书店
印　　制：	北京云浩印刷有限责任公司
开　　本：	880 mm×1230 mm　1/32
印　　张：	6.5
字　　数：	122千字
版　　次：	2021年1月第1版　2021年1月第1次印刷
定　　价：	35.00元

版权所有　侵权必究

购买本社图书，凡有缺、倒、脱页者，本社负责调换

内容简介

本书为《突发应急事件公众心理应对指南系列丛书》之一，由中华医学会科学普及部、中华医学会行为医学分会、中华医学会精神医学分会和中国医师协会精神科医师分会组织相关专家编写而成，内容包括突发应急事件概述、突发应急事件对儿童青少年心理健康状况的影响、突发应急事件所致儿童青少年心理问题的应对、常见儿童青少年心理问题的案例分析及相关心理问题常用量表。本书旨在帮助突发应急事件下儿童青少年缓解心理压力、调控情绪、维护心理健康、提高学习效率、坚定生活信心，具有科学性、实用性和指导性，适合儿童青少年的父母、教师及大众阅读。

《突发应急事件公众心理应对指南系列丛书》
编写委员会

组织编写

中华医学会科学普及部
中华医学会行为医学分会
中华医学会精神医学分会
中国医师协会精神科医师分会

指导委员会

主 任 委 员	陆 林			
副主任委员	姜永茂	唐 芹	李凌江	王高华
	郝 伟	徐一峰	李 涛	季建林
	白 波			
委 员	陆 林	姜永茂	唐 芹	李凌江
	王高华	郝 伟	徐一峰	李 涛
	季建林	白 波	魏 镜	杨艳杰
	于 欣	方贻儒	时 杰	唐向东
	贾福军	况 利	杜亚松	杨甫德
	李春波	岳伟华	苏林雁	刘铁桥

　　　　　　王小平　贾艳滨　鲁先灵　谭立文
　　　　　　张　宁　肖水源　李　洁　王文强
　　　　　　邓云龙　王　振　王汝展　王学义
　　　　　　张克让　王长虹　张瑞岭　高　昶
　　　　　　宋景贵　汪　凯　王晓萍　苑　杰

策划委员会
总策划　陆林　唐芹
策　划　王长虹　高昶　李凌江　王高华
　　　　　季建林　王立祥

编审委员会
顾　问　季建林　任文杰
名誉主编　陆林　王立祥　吉峰　郝伟
　　　　　苏林雁
主　编　王长虹　高昶
副主编　张瑞岭　宋景贵
编　委　王长虹　张瑞岭　高昶　宋景贵
　　　　　况利　谌红献　李晏　李玉凤
　　　　　王华丽　张建宏　马静　潘苗
　　　　　姚丰菊　杨世昌　王传升　张三强
　　　　　白慧君

《突发应急事件儿童青少年心理问题识别及应对》编写委员会

主　　审	苏林雁
主　　编	马　静　王长虹
副 主 编	郭素芹　王枭冶　刘学军　武凯歌
	肖帅军　杨醉文

编　　委（以姓氏笔画为序）

马　静　湖南省第二人民医院（湖南省脑科医院）

王长虹　新乡医学院第二附属医院

王枭冶　湖南省第二人民医院（湖南省脑科医院）

邓　叶　湖南省第二人民医院（湖南省脑科医院）

卢雅君　湖南省第二人民医院（湖南省脑科医院）

朱娟娟　湖南省第二人民医院（湖南省脑科医院）

刘　芳　湖南省第二人民医院（湖南省脑科医院）

刘学军　湖南省第二人民医院（湖南省脑科医院）

李韧娇　湖南省第二人民医院（湖南省脑科医院）

杨醉文　湖南省第二人民医院（湖南省脑科医院）

肖帅军	湖南省第二人民医院（湖南省脑科医院）
武凯歌	湖南省第二人民医院（湖南省脑科医院）
罗　婷	湖南省第二人民医院（湖南省脑科医院）
周君玉	湖南省第二人民医院（湖南省脑科医院）
周晓璇	湖南省第二人民医院（湖南省脑科医院）
郑琼娟	湖南省第二人民医院（湖南省脑科医院）
胡家文	湖南省第二人民医院（湖南省脑科医院）
郭素芹	新乡医学院第二附属医院

学术秘书　胡家文　湖南省第二人民医院（湖南省脑科医院）

主 编 简 介

马静，医学博士，副主任医师，湖南中医药大学硕士研究生导师，湖南省第二人民医院（湖南省脑科医院）儿少心理科主任。兼任中国心理卫生协会儿童心理卫生专业委员会委员、中国妇幼保健协会儿童神经发育障碍防治专业委员会委员、湖南省社会心理学会临床心理学专业委员会副主任委员、湖南省妇幼保健与优生优育协会第二届妇女健康促进专业委员会副主任委员等职务。研究课题包含湖南省临床重点建设专科"湖南省重性精神病诊疗能力提升项目"子项目"人际心理治疗的引进及在重性抑郁障碍中的应用"，湖南省2019年度省属省管医院重点临床专科建设及技术创新项目"孤独症培训中心"、湖南省创新引导项目"阿斯伯格综合征社交技能训练效果的对照研究"等。参编著作7部，发表学术论文数篇。

王长虹，医学博士，主任医师，教授，新乡医学院第二附属医院院院长。兼任中国中医药研究促进会精神卫生分会副会长，中华医学会行为医学分会常务委员、认知应对治疗学组组长，海峡两岸医药卫生交流协会睡眠专委员会常务委员，中华医学会精神医学分会抑郁障碍研究协作组委员，中国医师协会精神科医师分会认知行为治疗工作组委员，中国心理卫生协会心理治疗与咨询专业委员会委员，中国医师协会精神科分会优秀精神卫生防控专家，河南省心理卫生协会理事长等职务。擅长青少年心理行为障碍、焦虑症、强迫症、抑郁症等各类精神心理障碍的治疗。承担国家级、省市级科研课题10余项。先后在国内外杂志发表学术论文125篇，其中SCI收录16篇。担任 *Psychoneuroendocrinology Neuropeptides*、*Brain Behavior and Immunity* 审稿专家。

序

　　突发应急事件是指突然发生，造成或可能造成严重社会危害，需要采取应急处置措施予以应对的自然灾害、事故灾难、公共卫生事件和社会安全事件。突发应急事件作为严重的外部应激源，当超出个体的应对能力时，会导致个体发生明显的生理反应和心理反应，即应激反应，可表现为一系列情绪、认知、行为和生理上的变化。2019年底，新型冠状病毒肺炎疫情突如其来，是中华人民共和国成立以来传播速度最快、感染范围最广、防控难度最大的一次重大突发公共卫生事件，给人们的生命安全和身体健康带来了重大危害。这场疫情打乱了人们原有的生活节奏，给全国乃至全球人群带来了深远的精神心理影响。一项对全国5万余名居民进行的线上调查结果显示，新型冠状病毒肺炎疫情期间超过1/3的居民出现焦虑、抑郁、失眠或急性应激症状，且新型冠状病毒肺炎患者及其家人、一线工作者、隔离人群等更容易出

现精神心理问题。世界卫生组织（WHO）总干事谭德塞指出，新型冠状病毒肺炎疫情对人们的心理健康产生深远影响，心理工作者应充分关注突发应急事件期间人们可能出现的心理卫生问题，及时发现并有效应对。

为提升人们在突发应急事件期间对心理健康的重视，且提高对精神心理问题的积极应对能力，加强对心理健康知识的了解，在中华医学会科学普及部、中华医学会行为医学分会、中华医学会精神医学分会及中国医师协会精神科医师分会的组织下，河南省精神卫生中心（新乡医学院第二附属医院）联合国内20多家高等院校和科研院所的医学专家，紧扣突发应急事件中加强心理干预和疏导的需求，撰写了《突发应急事件公众心理应对指南系列丛书》，结合新型冠状病毒肺炎疫情期间不同特征人群出现的心理反应和问题，分别对突发应急事件下成人、老年人、儿童青少年、大学生及特殊群体等不同人群的常见心理问题给予深入浅出的科学解释及应对策略指导，具有较强的针对性和实用性。同时，配套出版了视频、音频等系列出版物，包括突发应急事件不同人群的心理干预、常见心理障碍的识别与干预、常见心理问题的应对、常见心理减压技术等，旨在通过图书、视频、音频等不同形式，对突发应急事件下公众的心理问题识别及应对措施进行科学普及。感谢本系列丛书编审委员会各位专家及参与

编写的医务人员在策划、选题、编审等工作中所做的贡献。

  本系列丛书内容科学准确,语言通俗易懂,不仅可以作为公众心理卫生知识的科普读物,提高公众对突发应急事件的应对能力,也可以作为精神卫生工作者、心理健康工作者、心理援助热线工作者、临床医生及相关工作人员、社会工作者、社区防控人员等日常工作的工具书。

  新型冠状病毒肺炎疫情作为近年发生的最严重的突发应急事件,是中华民族在伟大复兴征程中面临的一次前所未有的考验,伟大的祖国,英雄的人民,书写了人类历史上可歌可泣的抗疫篇章。灾难并不只能带来悲伤与痛苦,也能带来重塑与光明!疫情面前,没有局外人!希望我们通过这场战"疫"学会珍惜、自省、敬畏、感恩、担当、自律、静心、乐观,从这场战"疫"中汲取力量,在危机中成长,从磨难中奋起!

  灾难磨砺精神,梦想凝聚力量!

中国科学院院士

北京大学第六医院院长

2020 年 12 月

前　言

世界卫生组织认为："健康乃是一种在身体上、精神上的完满状态及良好的适应力，而不仅是没有疾病和衰弱的状态。"近年来，心理健康问题也逐渐被公众重视，主动到医院心理门诊咨询就诊的人越来越多，而儿童青少年由于自身的特殊性，心理问题隐蔽性强，往往易被人忽视，从而影响了心身健康发展。

突发应急事件影响范围广泛，从唐山大地震、2003年"非典"疫情到2019年底暴发的新型冠状病毒肺炎疫情，随着社会的发展及医学理念的普及，人们已经注意到了事件背后儿童青少年人群心理健康层面的问题。本书由湖南省第二人民医院（湖南省脑科医院）与新乡医学院第二附属医院的儿童精神科医生团队与心理治疗师团队编撰，他们凭借丰富的临床工作及心理治疗经验，结合儿童青少年的心理发育特点及其面对应急事件时与成人的认知模式和应对方式的区别，围绕在突发应急事件中儿童青少年可能出现的心理问题，指导其如何自我识别与自我调整，以

及家长、老师、朋友及社区如何帮助他们走出心理困境。当受心理问题持续困扰时，儿童青少年应及时寻求专业心理治疗师的帮助。若经心理治疗仍难以解决，则需要及时到医院就诊，寻求专业儿童青少年精神科医生的建议，必要时服用精神科药物治疗。本书对常用的心理问题评估量表、心理治疗方法、精神科药物也做了相应介绍，适合儿童青少年的家长、学校心理工作人员、社区工作者阅读，也适合儿童青少年精神科进修医生、在校医学生及低年资心理治疗师学习和参考。

马　静
2020 年 12 月

目 录

第一部分　突发应急事件概述……………………………………001
第二部分　突发应急事件对儿童青少年心理健康
　　　　　状况的影响………………………………………009
　一、儿童青少年心理发育特点……………………………………011
　二、儿童青少年和成人对应急事件的认知及
　　　应对方式的区别………………………………………………017
　三、影响儿童青少年对突发应急事件所致心理问题的因素……024
　四、突发应急事件对儿童心理健康的影响………………………032
　参考文献……………………………………………………………038
第三部分　突发应急事件所致儿童青少年心理问题的应对……041
　一、突发应急事件所致儿童青少年心理问题的识别……………041
　二、自我调整方法…………………………………………………051
　三、家长、教师、同伴和社区的帮助方法………………………061
　四、心理工作者的干预方法………………………………………071
　五、相关药物使用问题……………………………………………106
　参考文献……………………………………………………………111

突发应急事件儿童青少年心理问题识别及应对

第四部分　常见儿童青少年心理问题的案例分析……………114
- 案例一　5岁淘淘的故事（游戏治疗）………………………114
- 案例二　曼陀罗绘画处理14岁初中生的负面情绪……………118
- 案例三　被大量讯息困扰的高中生（表达性绘画治疗）……121
- 案例四　在画纸上打僵尸的孩子（表达性绘画治疗）………123
- 案例五　通过沙盘游戏治疗处理恐惧情绪的9岁男孩………125
- 案例六　遭受丧亲和新冠疫情双重困扰的高中生
  （游戏治疗在青少年中的综合运用）………………128
- 案例七　针对9岁男孩的焦虑情绪进行的认知行为治疗……131
- 案例八　通过正念缓解焦虑情绪的初三学生…………………135

第五部分　相关心理问题常用量表…………………………………139
- 一、自评量表…………………………………………………140
- 二、他评量表…………………………………………………177
- 参考文献………………………………………………………186

第一部分

突发应急事件概述

在日常生活中,生活总会出现一些小插曲,一些小事件很快会被人忘记,而一些事件会给一个人的生活留下难以忘怀的印记。一些需要做适应性改变的环境变化,如居住地点改变、入学或毕业、变换工作或失业,以及家庭重要成员的出生、离去和亡故等情况均为应激性生活事件。突发应急事件是指突然发生,造成或可能造成严重社会危害、危及公共安全,需要立即处理的紧急事件,包括自然灾害、事故灾难、公共卫生事件和社会安全事件。《突发公共卫生事件应急条例》中突发公共卫生事件是指突然发生,造成或者可能造成社会公众健康严重损害的重大传染病疫情、群体性不明原因疾病、重大食物和职业中毒以及其他严重影响公众健康的事件。

突发应急事件对全社会的影响涉及范围广。纵观人类历史,各类传染病时常暴发流行,如天花、鼠疫、霍乱等烈性传染病,严重威胁着人类的生命。1555年,墨西哥发

突发应急事件儿童青少年心理问题识别及应对

生天花大流行,造成约 200 万人死亡;1900—1909 年,俄国因感染天花而死亡的人数约 50 万人。至今已出现过 7 次霍乱大流行,1826—1837 年发生第二次霍乱大流行,疫情从俄国开始,先后传到德国、英国、加拿大和美国;1846—1863 年发生霍乱第三次大流行,波及整个北半球。据权威数据分析,全球范围内每年有 130 万~400 万例霍乱病例,可导致 2.1 万~14.3 万人死亡。鼠疫病毒的传播流行同样肆无忌惮,公元 6 世纪,第一次鼠疫大流行起源于中东地区,持续了 60 年;1347—1351 年鼠疫在欧洲蔓延;1894 年中国香港地区开始出现鼠疫大流行,并在 20 世纪 30 年代疫情到达高峰,范围波及亚洲、欧洲、美洲、非洲和澳洲的 60 多个国家,而流行性感冒(简称流感)有时与普通感冒难以区别,往往容易被人们忽视。例如历史上发生的"1918 年大流感"事件,1918 年 3 月 4 日美国堪萨斯州的一个军营发生流感,接着中国、西班牙、英国等国家暴发流感,1918 年秋季流感在全球暴发,直至 1920 年春季,全球约 10 亿人感染流感,并导致近 4000 万人死亡。时至今日,这些传染病仍然是世界各国卫生健康领域监控的重点对象,传染病防控不能有丝毫松懈。

全球经济文化的交流日益频繁,交通更加便利,疫情往往会影响很多国家。2002 年,严重急性呼吸综合征(severe acute respiratory syndrome,SARS)在广东顺德首次出现,并迅速扩散至东南亚乃至全球,直至 2003 年中

第一部分　突发应急事件概述

期SARS疫情才被逐渐消灭。此次疫情中国感染病例数为7390例，死亡病例数为694例，其中中国大陆地区医务人员感染人数为917例，其中284例不幸因公殉职。SARS疫情也促成了《突发公共卫生事件应急条例》的诞生：2003年5月9日，国务院颁布第376号令，公布施行《突发公共卫生事件应急条例》。从此我国应对突发公共卫生事件有了法律依据。这些举措给我国后续疫情的防控奠定了基础。

2019年12月下旬，发生的新型冠状病毒肺炎（corona virus disease 2019，COVID-19，简称新冠肺炎）。世界卫生组织于2020年1月30日发布公告将此次疫情定性为国际关注的突发公共卫生事件。在整个疫情防控期间，我们吸取既往疫情的教训，根据疫情程度，部分省、自治区和直辖市实行新冠肺炎疫情防控一级应急响应，采取封城、停工停学、居家隔离、严禁不必要的出行等有效举措，积极救治感染人员，政府调集各地医务人员支援重灾区湖北省，开通各种心理咨询渠道为有需要的群众提供需要。在中央政府强有力的统一领导、军地协同下，医护人员勇敢抗疫，部分国家、地区及友好人士积极给予物资援助，我国新冠肺炎疫情基本得到有效控制。

埃博拉出血热是由埃博拉病毒引起，主要发生于非洲地区，多次造成重大疫情的暴发。2014年8月8日，世界卫生组织发表声明，宣布埃博拉出血热疫情为国际突发公共卫生事件，已对其他国家造成风险，需要做出"非常规"

突发应急事件儿童青少年心理问题识别及应对

反应,所有报告埃博拉出血热疫情的国家,都应该宣布进入国家紧急状态。截至 2014 年 12 月 17 日,世界卫生组织发表数据显示,在埃博拉出血热疫情肆虐的利比里亚、塞拉利昂和几内亚西非三国的感染病例(包括疑似病例)已达 19 031 人,其中死亡人数达到 7373 人。2019 年 7 月世界卫生组织宣布,非洲国家刚果(金)暴发的埃博拉病毒疫情目前已成为全球卫生紧急事件。过去 4 次类似声明针对的疫情包括:① 2009 年甲型 H1N1 流行性感冒疫情;② 2014 年野生型脊髓灰质炎(俗称小儿麻痹症)病毒疫情;③ 2014 年西非埃博拉病毒疫情;④ 2016 年寨卡病毒疫情。这 4 类重大疫情发生的地区往往经济不发达,疫情暴发对国家经济的发展、国民的生命、财产安全造成不可挽回的损失。

手足口病是一种全球性传染病,多发生于婴幼儿,可由多种肠道病毒引起,肠道病毒 71 型为其中一种可引起发病的肠道病毒。1957 年新西兰首次报道了手足口病,世界各国每年均有病例发生。1981 年我国上海地区首次发现并报道了手足口病,此后每年都有病例的报道。近年来我国部分地区的手足口病疫情给儿童特别是学龄前儿童的健康状况带来严重威胁。患病人群主要为 3 岁及 3 岁以下的婴幼儿,病程 5~10 天,预后良好且多数可自愈,个别患儿可出现泛发性丘疹、水疱,伴发无菌性脑膜炎、脑炎、心肌炎等,此时患儿的亲属往往有较大的心理压力。

第一部分　突发应急事件概述

重大自然灾害也是突发公共事件,如2008年"5·12汶川地震",此次地震被严重破坏地区超过10万平方千米,其中,极重灾区10个县(市),较重灾区41个县(市),一般灾区186个县(市)。截至2008年9月18日12时,"5·12汶川地震"共造成69 227人死亡,374 643人受伤,17 923人失踪,也是"唐山大地震"后伤亡最严重的一次地震。不仅造成人员伤亡、财产损失,更是给很多家庭带来了不可磨灭的悲痛记忆。经国务院批准,自2009年起,每年5月12日为"全国防灾减灾日"。

社会安全事件也是突发公共事件的一个重要因素,如1995年日本东京地铁沙林毒气事件造成13人死亡,约5500人中毒,1036人住院治疗。事发当天,日本政府所在地及国会周围的几条地铁主干线被迫关闭,26个地铁站受到影响,东京交通陷入一片混乱。此次事件给当时刚刚经历过"阪神大地震"的日本社会和公众又蒙上了一层阴影。

禽流感是一种由禽流感病毒引起的急性传染病,也能传染人类,感染后的主要表现为高热、咳嗽等症状,严重者可引起心、肾等多种脏器衰竭从而导致患者死亡,病死率高。历史上有过多次禽流感大暴发,1878年,禽流感在意大利的首次暴发使人们开始认识这种极具杀伤力的传染病;1997年中国香港地区暴发了史上最严重的一次禽流感;2003年发生在荷兰的禽流感疫情是波及最广的一次。据我国原农业部2016年3月份的统计数据,2005年以来,

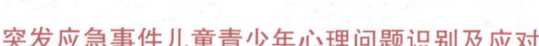

突发应急事件儿童青少年心理问题识别及应对

我国共发生35起高致病性禽流感疫情,共有19.4万只禽发病,18.6万只死亡,扑杀2284.9万只。据WHO统计,2003年12月至2006年1月,全球人感染禽流感病例数149人,死亡人数达到80人。这类人畜共患病可能会引起社会恐慌。

2011年9月28日开始,广东省广州市白云区、荔湾区先后发生多例职业中毒事故。截至2012年2月27日,此次事故先后造成39人中毒(其中4人死亡),涉及39家制鞋、箱包制造及皮革加工企业。这种小范围的公共事件对受害者家庭造成身体和心理的双重打击。

在工业文明发展进程中,人类自身的经济开发活动也不可避免地威胁到自身的安全。史上最有名的切尔诺贝利核事故发生在苏联时期乌克兰北部切尔诺贝利核电站的核子反应堆事故。该事故被认为是历史上最严重的核电事故,也是首例被国际核事件分级表评为第七级事件的特大事故(目前为止第二例为2011年3月11日发生于日本福岛县的福岛第一核电站事故)。1986年4月26日凌晨1点23分,乌克兰普里皮亚季市邻近的切尔诺贝利核电厂的第四号反应堆发生了爆炸。持续爆炸引发了大火并散发出大量高能辐射物质到大气层中,辐射了大面积区域。这次灾难所释放出的辐射线剂量是第二次世界大战时广岛原子弹的400倍以上。切尔诺贝利核电站对当地的影响巨大,以核电站为中心,30千米范围内十几万人全部迁走,此后20年,普里

第一部分　突发应急事件概述

皮亚季城相当于"死城",仍然不适合人类居住。统计数据表明为了挽救消除这个事故的后果,所耗费的金钱及人力、物力大概是当初建设切尔诺贝利核电站的 100 倍。

综上所述,我们可以明显发现突发公共事件必备"突发性"及"受害人为公共人群"这两大特点。新中国成立后我国先后颁布出台相应的法律法规以满足各类突发应急事件的事前、事中及事后防控的工作需要,如《中华人民共和国传染病防治法》《中华人民共和国食品卫生法》《中华人民共和国职业病防治法》《中华人民共和国国境卫生检疫法》《突发公共卫生事件应急条例》《国内交通卫生检疫条例》及《国家突发公共事件总体应急预案》等,而全社会各个行业在发展过程中均有可能有意或无意地诱发或促成部分突发事件的发生,只有严格按照章程办事,不越雷池一步,做好本职工作,才能防微杜渐,把各种人为事故扼杀在萌芽阶段。先后经历了 2003 年的"非典"、2008 年的汶川大地震,面对新型冠状病毒肺炎疫情,作为医务工作者和心理健康从业人员,应该及时总结突发应急事件中出现的心理健康问题,提出更好的行之有效的解决办法,以减轻此次疫情过后公众可能出现的心理危机。在突发应急事件发生的早期,可通过各种媒介开展公众健康教育,及时分享我们的心理健康知识,最大限度地减少突发应急事件对公众健康造成的危害,保障公众身心健康。

突发应急事件影响范围广泛,会影响到社会的方方面

突发应急事件儿童青少年心理问题识别及应对

面。由于突发应急事件的不可预测性,一旦发生,会严重影响受害人的身心健康,特别是身心发展尚未成熟的儿童青少年人群。作为医务工作者和心理健康从业人员,对身处此次新型冠状病毒肺炎疫情中的我们来说,担负起自身职责,做好调研工作,提出应对方法,向公众传达出有效信息,减轻疫情中的儿童青少年所受到的负面影响,保护他们的心理健康。我们将以此次疫情为契机,积极探索突发应急事件中儿童青少年心理问题的识别及应对策略。

(武凯歌)

第二部分

突发应急事件对儿童青少年心理健康状况的影响

人的生命全程心理发展是一个连续的发展过程，但根据年龄阶段，可划分为幼儿期、学龄期及青春期。处于不同时期的个体有其不同的心理特征，不同阶段的儿童青少年在自我意识和人际关系等心理功能方面存在明显差异。不仅如此，儿童青少年与成人在心理功能上也存在差异。当面临突发应急事件时，这种差异往往会体现在对事件的认知和应对方式上。如儿童青少年可能出现注意力难以集中、易激惹、回避行为等外在表现，认知上表现出片面性和肤浅性，应对方式上存在轻视疾病、应对活动不足等心理状态。与成人相比，儿童青少年在年龄、社会阅历、外部资源与社会支持系统、情绪调节能力等方面处于劣势，使得他们难以像成人那样有客观、准确的认知，缺乏积极合理应对突发事件的能力。

儿童青少年心理应激反应受多种因素影响，主要因素有3个，包括家庭环境、社会环境及孩子自身的易感因素。

突发应急事件儿童青少年心理问题识别及应对

①家庭环境作为孩子出生之后最初，也是孩子成长关键时期的外部环境因素，对孩子的影响至关重要。父母自身的文化水平和学历层次、父母的情绪、亲子关系、父母的职业是否与突发应急事件有关、父母是否为突发应急事件的直接受害者都是直接影响因素。②社会环境因素对于孩子心理健康的影响具有综合性。社会舆论、媒体报道是最为突出的影响因素。国家为控制疫情扩散采取的措施，既改变了儿童青少年的生活学习环境引发的他们对这种变化的不适应，也导致他们对自身疾病的担忧和恐惧。对隔离原因的错误理解引发的情绪低落；与父母分离、被邻友亲朋疏离所产生的孤独感。同时，疫情信息也是一个对心理有明显影响的社会环境因素。当得知新型冠状病毒肺炎疫情具有普遍易感性且没有特效治疗药物时，当得知亲友或所居住的社区中发现感染者时，都可引发儿童青少年内心焦虑和抑郁等情绪。③自身的易感因素包括气质、个体心理弹性、个体心理成熟度等。气质分为多血质、黏液质、胆汁质、抑郁质4种类型。其中，抑郁质、黏液质的儿童青少年易出现心理问题。心理弹性低的个体则容易产生负性自动思维，导致疾病易感性高心理成熟度差的人，难以适应不断变化的环境，自我控制能力有限，导致较高的疾病易感性。此外，儿童青少年有无相关精神疾病既往史也是突发应急事件发生心理疾患的易感因素之一。

由于突发应急事件具有突发性与破坏性，儿童青少年

第二部分　突发应急事件对儿童青少年心理健康状况的影响

可能出现急性应激反应和创伤后应激障碍等心理反应。急性应激反应主要包括行为问题、情绪问题、儿童居丧反应、躯体不适、睡眠障碍、认知及其他问题等。创伤后应激障碍包括反复重现创伤性的体验、回避与创伤事件有关的活动、持续警觉性增高等。

综上所述，由于儿童青少年心理发展的特征，家庭、社会环境和自身易感性等有关因素，突发应急事件对他们心理健康状况能产生极大影响，可导致急性应激反应和创伤后应激障碍等心理创伤。

一、儿童青少年心理发育特点

儿童青少年的心理特征是构成其身心健康发展的重要特质，从年龄发展角度可以划分为幼儿期、学龄期及青春期，不同时期孩子的心理发育特点各不相同，并随着年龄的增长而逐渐发展至心理成熟状态。心理发育的表现是多方面的，如语言、认知、思维、意识、道德、社会关系等，而在面对应急事件时，儿童青少年的自我意识及人际关系会受到相应的影响。自我意识的结构是一个多维度、多层次的复杂的心理系统或心理结构。从形式上看，自我意识表现为认知、情感、意志共3种形式，这3种形式可细分为自我认识、自我评价、自我体验和自我调控。人际关系指人与人在交往过程中形成的心理关系、心理距离。在了

突发应急事件儿童青少年心理问题识别及应对

解应急事件是如何对儿童青少年造成影响前,需要先了解自我意识及人际关系这两方面包含的具体内容。

幼儿期指3～6岁的人生阶段。该阶段是孩子进入幼儿园学习的时期,同时也是正式进入学校生活以前的时期,所以又叫作学龄前期。幼儿时期自我意识的发展可以分成4个部分:①自我认识的发展,幼儿期的孩子由于其思维、认知及言语发展水平尚未成熟,因而对自我的描述会停留在比较表浅的层次,即姓名、性别、年龄等,但无法详细描述内心体验。②自我评价的发展,幼儿期孩子的自我评价将由相信成人转向自我独立,由笼统的、针对外部行为转向针对自身品质。这些评价可能会比较客观,更为符合他本身的发展水平。而在自我评价转变的过程当中,成年人尤其是家长与教师对幼儿的评价,对孩子的个性发展有很重要的作用,幼儿期的孩子需要获得客观、恰当的外部评价。③自我体验的发展,从生理需要衍生的情绪体验,如单纯因为吃到喜欢的零食而开心,或者因为摔倒受伤而伤心,向社会性情感体验过渡,如因为失败而产生内疚、自责等复杂的感情。情绪中最应引起家长重视的是孩子的自尊感。自尊感从3岁开始就已经萌芽,是个人基于自我评价产生和形成的一种自重、自爱,并要求受到他人、集体和社会尊重的情感体验。自尊是人格自我调节结构心理成分,是孩子心理健康的重要指标之一。④自我调控的发展,自我调控通常是指个体对自己的心理行为水平进行调

第二部分　突发应急事件对儿童青少年心理健康状况的影响

整。幼儿期孩子由于大脑皮质发育尚未成熟，在此阶段更多地会表现出自我控制能力较低、容易冲动，需要家长在陪伴中监督和引导。

人际关系对幼儿期孩子有着重要作用。人际关系可以满足儿童对归属感、爱、尊重的需求，是儿童情感支持的来源。当幼儿在家里或进入幼儿园后，他们往往会通过强化、模仿或者同化某一种类型的机制，学习外界其他人的各种反应。人际关系使儿童获得信息渠道及参照框架，而不良的人际关系往往会导致儿童出现社会适应性困难。幼儿期孩子的友谊关系较为脆弱，相互之间的联系可能很快形成，也可能会很快破裂，比如前一天孩子告诉家长他和谁玩得最好，但第二天又表示他再也不想跟那个孩子玩了。这种行为较常见，在反反复复形成又破裂的过程中，孩子学习人际技能，形成平等、合作和懂得协商的人际关系。

学龄期是指6~12岁的人生阶段。该阶段儿童开始进入小学，此时学习成为主导性活动。学龄期的自我意识表现在3个方面的转变。①自我认识：即孩子心中对自己的印象。自我印象会从具体的、外部的特征描述向较抽象、带有心理意义的方向发展。如孩子在幼儿期的自我介绍趋向于年龄、家庭成员等表层信息，而学龄期的孩子会更多地描述深层次的内心世界，如性格、对他人的感受等。孩子自我认识的发展也与家庭的教养方式、社会环境、学校的教育风格等有一定的关系。②自我体验：学龄期孩子的

突发应急事件儿童青少年心理问题识别及应对

自我情感、情绪的体验会与评价有比较高的一致性。他们会因为获得好的评价而感到骄傲、自豪,而对自己的缺点,会感到很羞愧、内疚,并逐渐开始拥有独立见解,对自己的优点、缺点能够全面论述。相对于幼儿期的孩子通过依赖家长对自己的评价来认识自己,此阶段的孩子会自我会衍生出更独立、全面的想法,比如他会认识到自己有很多优势,但是也有不擅长的地方,自己并非完全如家长所描述的那样。同时,学龄期的孩子也开始对自己的内心品质有了一些初步探索,比如,有的孩子喜欢安静的环境,有的孩子喜欢热闹的环境。这些自我体验的稳定性会逐渐地加强,在相当长的时期内,孩子对自身的感受与认识基本一致,通常不会大起大落。③自我控制的发展:从学业发展的角度出发,小学三年级、四年级是相对重要的转折时期,孩子会这个阶段开始养成在学习时进行自我控制的习惯,并且将初步形成一种责任感与行为的匹配。在此之前父母需要做一些比较妥善的引导,帮助建立正确的行为规范,以便孩子顺利走过转折期,从而养成良好的生活、学习习惯。

人际交往的变化主要表现在亲子关系和同伴关系中。一方面,就亲子关系而言,学龄期孩子一天中约 50% 的时间是在学校里度过的,所以,家长和孩子相互交流的时间较幼儿期减少,同时亲子关系中面对问题的类型更加复杂,幼儿期可能只存在简单的指令性问题,进入学龄期后,孩

第二部分　突发应急事件对儿童青少年心理健康状况的影响

子处理问题的内容增多、类别关系复杂化,但亲子间处理问题的数量在不断下降,这通常是因为幼儿期孩子更倾向于需要单方面进行指导、教育,但是学龄期孩子独立性增强,更倾向于亲子之间相互协商、说明的方式。父母对学龄期孩子的控制能力随着年龄的增长逐渐下降,由一开始需要不断的监督、教育,趋向于引导,或者无声地言传身教。随着独立性越来越强,孩子最终建立起自身的规章制度。另一方面,孩子在同伴关系上会出现重大变化。小学期间开始建立友谊,孩子对友谊有了更进一步的认识,松散易断裂的同伴关系会逐渐退出社交舞台,取而代之的是稳定、联系紧密的朋友关系。同伴群体为孩子提供了一种体验更多的、集体性的情绪的对象,同伴之间相互学习社会交往的技能,并最终演变成带有组织性质的团体,常见的团体包括班集体和自发性的团体,如兴趣小组。团体给孩子带来集体归属感,使学龄期孩子在规则、制度的基础上交往,一起工作以完成共同目标。团体能提供学习交往的机会,外部世界对孩子概念上的评价形成,来自同伴的社会支持系统初步开始形成。

青春期可分为初中与高中两个阶段,初中阶段是从十一二岁到十四五岁,高中阶段是从十四五岁到十七八岁,在此阶段孩子将面临身、心上"质"的飞越,心理危机也较易发生。青春期开始,孩子的身体器官逐渐成熟起来,尚未做好心理准备,生理上就已经发生了不可逆转的变化，孩子会面临生理改变对心理活动的冲击。而从心理发展来看，孩子虽然已经步入成人阶段，但是他们的一部分的心理感受依然还留在童年，一方面，孩子希望自己被当成独立的成人看待，但同时又具备儿童期稚嫩和依赖的特点。因此，此阶段孩子面临一系列的心理冲突。身心两极化的冲突会引发孩子一系列的转变，孩子会开始反抗来自家长或者教师等权威施加的压力或影响，同时又需要依赖权威。孩子将关注转移到自身，自我相关的信息会被隔绝防止被人随意窥探，同时又希望自身的存在被人认可。既觉得儿童期的自己很幼稚，又眷恋童年时的感受。

在人际关系方面，初中阶段的孩子有两个方面会发生变化。一是朋友关系，他们将从儿童期的团体组织里面脱离出来，然后开始寻找类似于知己或者知心朋友关系。二是家庭关系，孩子的一些情感、行为、观点会从父母的掌控中逐渐脱离，父母作为榜样的作用明显会被削弱，有的家长会觉得孩子小时候听话，但到了初中阶段性格格外叛逆，不仅不听家长的教导，还会反驳家长的观点。

高中阶段孩子的发展会出现新的变化。他们的自我意识、自我评价、价值观、自立需求都有所改变，并逐渐趋于成熟。自我意识、认知能力发展得越来越成熟，越来越稳定，与家庭之间极端化的反抗逐渐下降。高中阶段孩子开始具备自我分化的能力，可以构想理想自我的存在，同

时又能够反省现实中的自我，更客观认识自己。他们强烈关心自己在个性方面的成长，对自尊心的需要在这个时期明显增强，对自己的评价也会日趋成熟和稳定，且在比较长的时间里都不会轻易发生动摇。甚至在成年后，他们对于自身的评价和认知，都会受到中学时期的影响。而价值观在这个阶段逐渐确立，他们会慢慢建立起如何审视、看待周围发生的社会性事件，如何评价自己在事件当中扮演的角色。他们自立的需求产生，并逐渐增强，能进行自我管理，并对未来进行规划。进而了解发展前景上可能会遇到的困难，为步入成年社会做好准备。

二、儿童青少年和成人对应急事件的认知及应对方式的区别

突发应急事件具有突发性、不可预测性，容易导致个体产生相应的群体心理应激反应，如出现恐惧、焦虑、疑病、强迫等症状。这些症状及反应造成儿童、青少年和成人过度损耗心理能量，降低机体免疫力，使疾病易感性增高和心理障碍发生率增高等。面对同样的突发应急事件，不同人群的受影响程度因人而异。由于多重因素影响，儿童青少年与成人的认知发展水平和应对方式存在差异，其受影响的程度也随之不同。

突发应急事件儿童青少年心理问题识别及应对

（一）对应急事件的心理反应及应急事件的分类

当应急事件发生时，个体易产生心理应激反应，这是个体在某种环境刺激作用下，由于客观要求和应付能力不平衡所产生的一种适应环境的紧张反应状态。在一定的社会环境中，当情境变化或对个体施以刺激，刺激作用被个体感知到，大脑对信息进行加工，引起个体的主观评价，同时，产生一系列相应的身心变化。当刺激需要个体做出较大的努力才能适应，或者这种反应超出了个体的适应能力，就会引起个体心理、生理平衡失调，即出现心理应激状态。

按照是否需要立刻做出反应，可将应急事件分为急性应急事件和慢性应急事件，急性应急事件通常指突然出现的事件，慢性应急事件通常指日常生活中长期或持久出现的事件。根据性质的不同，应急事件又可分为躯体性应急事件、心理性应急事件、社会性应急事件、文化性应急事件。这些能够引起个体心理或生理反应的刺激主要来自物质环境（高温、严寒、强光、雷电、射线、噪声）、体内环境（营养缺乏、感觉剥夺）和心理社会环境（抑郁、失业、配偶的离丧）的变化。突发应急事件作为一种比较强烈的社会性应急事件，影响范围广，发生速度快，结果难以预测，因此，其刺激程度往往超出个体心理承受范围，容易导致个体出现应激状态。

第二部分　突发应急事件对儿童青少年心理健康状况的影响

（二）认知的定义

认知是指人们获得知识、应用知识或信息加工的过程。这是人的最基本的心理过程，包括感觉、知觉、记忆、思维、想象和言语等。大脑接受外界输入的信息，经过大脑的加工处理，转换成内在的心理活动，进而支配人的行为，这就是信息加工的过程，即认知过程。在人与环境的作用过程中，认知的功能系统不断发展，并趋于完善。在发生突发应急事件时，儿童青少年和成人会对应急事件的各种信息进行加工，通过提取大脑当中的记忆材料，形成知觉和判断，并通过思维过程，解决面临的问题。

（三）应对和应对方式

应对的定义为不断变化的认知努力和行为努力，以满足个人特定的外部或内部的需要，以决定是对个人资源进行使用还是要"超越"。也就是说，个体努力通过自身不断转换和改变，在满足自身需要的同时，对所要处理的特定情境做出反应和顺应。因此，应对是一个动态的相互作用过程。人们反复运用的应对模式就是其应对方式，在同样的应激刺激面前，不同的人会有不同的应激反应，同一个人在不同的时间能产生不同的反应。

按指向性可将应对方式分为积极应对方式和消极应对方式两种。积极应对方式是直面问题，并通过合理方法解

决问题和处理冲突引起的负性情绪，修正对应急事件的认知，如向有类似经验的人请教与倾诉、释放负性情绪，保持乐观、坚定自信等，而面临应急事件时，采取等待、逃避、自我安慰或幻想等积累矛盾的方式即为消极应对方式。

（四）儿童青少年对应急事件的认知特点

儿童是创伤后应激障碍的易感人群。有研究发现，在遭遇应急事件后，30%的儿童会感到难以集中注意力、对原本喜欢的爱好丧失兴趣、容易发脾气、回避与灾难有关的信息，20%儿童会出现应急事件的闯入性记忆。

从认知能力角度看，学龄前儿童对事物的认知存在片面性、直觉性，缺乏系统的逻辑性。当他们亲眼看见应急事件时，缺乏成熟的认知和情感能力，对灾难信息难以整合，更容易产生应激反应。严重者导致创伤后应激障碍，即出现持续、不必要、无法控制的关于事件的念头，强烈地避免提及事件的愿望，睡眠障碍，社会退缩，以及强烈警觉的焦虑障碍，表现出行为或情感回避、噩梦和强制性思维等症状。轻者也会产生一系列应激反应，如焦虑、抑郁、遗尿、怕黑、注意力不集中等倒退行为。

突发应急事件与健康紧密相关，常涉及死亡这一严肃话题。不同年龄段的儿童对死亡的认识程度也存在差异。儿童在5岁以前尚未理解死亡的概念，尽管他们知道死亡的存在，但他们更倾向于认为那只是一种暂时状态。如一

第二部分 突发应急事件对儿童青少年心理健康状况的影响

些儿童觉得死亡就和睡觉一样,就像童话中的睡美人,早晚是会再醒过来的。对有这种观念的儿童来说,死亡并不可怕,而是令他们好奇。儿童对于死亡的错误理解会引发情绪上的严重后果,如常认为自己应该为其他人的死亡负责,他们认为是自己的错误导致了他人的死亡。直到5岁左右,儿童开始意识到死亡意味着生命的终结,且不可逆,但不认为死亡是普遍存在的,而是只发生在少数特定人身上。到9岁时,他们开始意识到死亡是普遍存在的。到青少年时期,个体认知能力飞速发展,他们对死亡的理解更加复杂深入,但青少年对死亡观点的理解依然存在同儿童一样不切实际的地方。虽然青少年已了解死亡是生命的终结,且具有不可逆性,但他们仍然认为死亡这件事不会在他们身上发生,青少年会编织一种个人神话,即一系列使他们具有个体特殊性的信念。当青少年的这类盲目乐观破灭,如遭遇自身或亲人在突发应急事件中患病或死亡时,其结果常令他们无法忍受。受到重伤或面临死亡的青少年通常会感觉愤怒,觉得命运对他们非常不公平,并将这种情绪指向养育者和身边的亲人。又因为他们的情绪和行为的消极倾向,医务人员很难对他们施行有效的救助,所以,青少年易成为不易合作的对象。

(五)儿童青少年对应急事件的应对方式特点

面对突发应急事件,不同年龄阶段的孩子会出现不同

的应激反应。研究表明，学龄前儿童的应激反应表现为哭闹、过分依赖；学龄期儿童的应激反应表现为紧张、恐惧，反复确认家长相关的信息；青少年的应激反应表现为焦虑、烦躁、易怒。有的孩子会花大量时间看与事件相关的新闻，有的孩子表现为沉默、笑容少。不同年龄段的孩子在应激状态下饮食和睡眠都会受到影响，出现食欲缺乏、失眠、做噩梦等。

处于应激状态下，无论哪一个年龄段的青少年，运用最多的应对方式首先为尝试积极地解决问题，其次为向他人求助，消极地应对方式运用较少。随着年龄增长，青少年更倾向积极地解决问题方式，向他人求助应对方式逐渐减少，这反映了青少年的能力、个性、意识等方面正向成熟方向逐渐发展。

也有研究表明，相对轻微的日常生活应急事件，在面临重大应急事件时，青少年更多采用了消极应对方式，如回避、幻想、自责等消极的应对方式。青少年应激心理结构包括应激生理症状、个人事件、社会事件、与我无关、事件归因、事件评价、疾病信息、情绪反应、行为反应、解决问题、寻求帮助和调整情绪共12个方面，但以应激内容为主。应激心理结构反映出青少年存在轻视疾病、应对活动不足等心理状态。综上所述可以发现，面对应急事件，儿童表现为认知上的幼稚和应对方式上的慌乱，而青少年则有更深刻客观的判断，并努力寻求积极正面解决问题的方式，但仍然存在轻视、应对不足、消极倾向等问题。

（六）儿童青少年与成人相比在应急事件应对上的差异

面临同样的应急事件，成人与儿童青少年在认知和应对方式上存在差异，其差异主要来源于以下3个方面。

1. *年龄与社会阅历*　学者发现年龄越小，认知、情绪、行为方面障碍表现越明显，而在生理方面的差别不大。随着年龄的增长，社会阅历和生活阅历不断丰富，有知识、有经验、心理抵抗力强的人对生活事件刺激的缓冲作用强，反之缓冲作用弱。究其原因，是因为生活事件能否引起应激反应，取决于机体对它的认知与评价，而后者又取决于个体特征，个体特征包括生物和心理的敏感阈限、智力、语言技能、心理抵抗力、以往的经验、健康状况及年龄、文化程度、收入和职业等。一般来说，儿童青少年在这些方面较成人有更多的不足。由于个体成熟度不同，应对相同事件，成人拥有更多的经验，能采取更合理的应对方式。

2. *外部资源与社会支持系统*　随着年龄的发展，青少年利用外部的资源来应对应急事件逐渐减少，这可能与个体外部应对资源有限有关。从青少年角度看，当青少年在没有能力解决问题时，不善于利用社会支持等的外部资源，这将进一步导致青少年采取更加消极的应对方式。研究者发现外界的社会支持与消极问题解决、转移注意力的应对方式呈负相关。

3. 情绪调节能力　对情绪刺激采用增强调节或减弱调节时，成人的调节效应量均大于青少年。突发应急事件容易导致情绪应激反应，情绪和认知、应对方式关系紧密，而儿童青少年在情绪调节上的不足，使青少年难以沉着冷静地判断和处理应急事件。

年龄、社会阅历、外部资源、社会支持系统及情绪调节能力是个体心理调节的重要影响因素。成人在这些方面具有优势，使成人对应急事件的认知更为客观合理，符合现实，其应对方式也更合理，有利于解决问题的解决。有研究表明，在面对重大疫情时，成人虽不可避免地会产生恐惧的情绪，却能够充分调动积极应对方式，借助转移、补偿、修正目标等方式，去缓解心理压力，维持心理平衡。与成人相比，儿童青少年对应急事件会表现出不成熟的认知和应对方式，但随着年龄的增长，不成熟的认知和应对方式会日渐减少。青少年对事件的判断逐渐呈现出客观深刻、贴合实际的倾向，并能够采取更多积极取向的应对方式，这表明经验和技能提升能给儿童青少年带来更恰当的认知和应对方式。

三、影响儿童青少年对突发应急事件所致心理问题的因素

儿童青少年正处于行为塑造的关键时期，学校教育、

第二部分　突发应急事件对儿童青少年心理健康状况的影响

家庭生活环境、大众传媒、社会文化等不同层次的多种因素及其复杂的交互作用均会直接或者间接地影响这一群体的生活行为方式，进而对身心健康产生影响。突发应急事件，不仅威胁着儿童青少年的身体健康，还会对他们的心理健康亦造成诸多影响，造成这些影响的主要因素包括家庭环境因素、社会环境因素及孩子自身的易感因素。

（一）家庭环境因素

家庭环境是儿童发展最初的、也是最重要的环境，其重要性不仅体现在当下，还有未来。家庭环境中如父母文化程度、父母的情绪、亲子关系、父母的职业、父母因突发应急事件受害等因素，对儿童青少年因突发应急事件所导致的心理问题起着不同程度的影响。

父母自身的文化水平和学历层次，对孩子的健康行为方式和良好习惯的培养有重要作用。相关研究表明，父母的学历越高，孩子应用积极的情绪表达方式更多，有利于促进孩子认知水平的提高。孩子对突发应急事件的全面认知，加上父母的正确引导使孩子用积极的心态去看待整个事件，将有助于减少孩子因突发的应急事件引起的恐慌等不良心理状态。

父母的情绪对家庭心理氛围的形成起着关键作用，特别是在核心家庭中，父母由于种种因素形成积极或消极的心境，然后将这种心境投射到孩子身上，孩子会感受到父母积极或消极的心境,并且彼此相互强化。在面对SARS、甲型H1N1流感、新型冠状病毒性肺炎这些重大应急事件时,父母不经意表现出的恐慌、焦虑、担忧、疑病等不良心理情绪状态,以及父母对整个事件的看法均会对其孩子的心理及行为产生直接影响。如在新型冠状病毒肺炎暴发期间,父母将放假的子女关在家中,严格约束其行动,大量储备物品,对室内反复消毒,过度自我监测和自我保护,这些行为反映了父母对疫情恐慌的情绪,也将会大大增强孩子对疫情的紧张恐惧感。

亲子关系是一个家庭的核心部分,它在日常生活中对孩子的心理健康产生关键影响。当突发应急事件时,良好的亲子关系可发挥出重要作用。它可增进孩子与父母的沟通,当孩子对突发应急事件存在认知困难或认知偏差时,父母可针对事件进行一次孩子能理解和接受的讲解。当孩子因突发应急事件产生不良心理时,良好的亲子关系有助于父母快速发现并能及时地帮助孩子调整心理状态,阻止其进一步向心理障碍的方向发展。

如果父母从事的工作与突发应急事件有关,也将对孩子的心理健康产生极大的影响。哪些工作可称为与突发应急事件有关的工作呢?比如传染性疾病暴发时需要前往一线救治患者的医师、护士;地震等自然灾害时需要前往灾害现场的武警、消防员等。从事这类工作的父母,因为使命所在需要前往一线参与救援,他们在救援中有感染、受伤甚至失去生命的危险。父母所面临的工作风险程度不同，对孩子的影响程度也不同。父母因参与应急事件的救援而直接或间接地失去生命，对孩子的心理健康的影响最大。综合整体来看，当父母参与突发应急事件的救援时，孩子一方面需要承受此次应急事件所造成的恐慌，另一方面需要时刻担忧父母的安全。父母的工作与突发应急事件关系密切的孩子所承受的心理压力大于父母从事非突发应急事件工作的。

父母是突发应急事件的直接受害者相对于父母因参与应急事件救援工作而受害，前者的子女所遭受的心理打击更大。后者被看作是英雄的子女，更易得到社会的关注及援助，而前者可能会因"污名化"（如 SARS 和新型冠状病毒肺炎感染者、疑似感染者、病毒携带者）而遭到其他人的排斥。在受害者中，父母因突发应急事件丧生对孩子的心理打击最大。一项对在汶川地震中丧亲的青少年的心理状况调查研究，发现在经历大地震和丧失亲人的双重创伤下，孩子不仅要承受心理上的伤痛，而且在心理创伤复原的过程中，因缺乏双亲的情感支持而处境不利，从而使其在心理发育、个人发展方面面临更多的困难。

（二）社会环境因素

在突发应急事件中，社会环境对于孩子心理健康的影响是综合性的。其中社会舆论、媒体报道是最突出的影响

因素。随着现代信息化的发展、网络和自媒体的普及。当应急事件突发时,人们会更疯狂地追踪媒体报道,其中包括使用网络较为频繁的青少年。媒体具有社会告知的功能,它使事件相关消息传播更快的同时,也加速了危机的扩散,易强化事件的严重性,尤其是当社会媒体对该突发事件过度报道时。儿童青少年每日被大量的突发事件报道所包围,极易引发他们的恐惧、焦虑等心理,且部分消极性报道,极易诱导孩子们的消极心理。当这些报道为大量不实信息甚至是谣言时,大多数儿童青少年因不具有辨别能力而轻信了不良报道,这又在一定程度上加重他们的心理恐慌。

在一些特定的应急事件中,比如SARS及2020年世界范围内暴发的新型冠状病毒性肺炎,国家为控制疫情的扩散采取了一系列措施,如限制交通运输、倡导居家隔离、停课不停学,这些措施使儿童青少年日常生活环境及学习环境发生变化,他们的活动范围受到一定的限制,他们的运动方式、运动量及其他日常活动均发生相应的改变,这对于孩子们的适应能力及应激能力而言是个挑战。儿童青少年因亲人感染成为密切接触者被隔离,或者因自身感染而在医院进行强制性隔离治疗,这些不仅是对生活、学习环境改变的不适应,还会因对自身疾病的担忧、恐惧,对被隔离原因的错误理解而引发情绪低落,对与父母分离、被邻友亲朋疏离而产生孤独感。

在一项关于新型冠状病毒肺炎的调查研究中发现,儿

童青少年认为自己处于危险是引发他们焦虑、抑郁情绪的主要原因。其中与社会环境有关的原因包含新冠肺炎疫情普遍易感性且没有特效治疗药物,亲友或所居住的社区中存在感染者,而各种疫情相关消息不间断地通过各种渠道将自身包围,以上这些原因使儿童青少年认为自己或家人处于随时感染新型冠状病毒肺炎的危险之中,甚至可能面临死亡,从而诱发了焦虑、抑郁情绪。

(三)自身的易感因素

儿童青少年因突发应急事件所引发的心理问题,除了受家庭环境和社会环境的影响,还与其自身的易感性有关。易感性包含了气质、心理弹性、心理成熟度等因素。

气质主要是指与生俱来的心理和行为特征。通常在心理学上把气质分为4种类型,即多血质(活泼、健谈、情绪不稳),黏液质(被动、谨慎、安静稳重),胆汁质(冲动、活跃、兴奋),抑郁质(忧郁、悲观、保守)。从这4种气质类型的各自特点来看,当突发应急事件时,抑郁质和黏液质的儿童青少年更易出现心理问题。抑郁质的儿童青少年遭遇重大应急事件时,他们通常会惊慌失措,多愁善感、行为孤僻的性格易将整个事件往消极方面联想,进而造成自身内心压抑,且不愿与他人进行沟通,内心的压抑只能靠自身承受、排解,一旦超过心理承受程度,则会发展成为心理问题。黏液质的儿童青少年出现心理问题的

突发应急事件儿童青少年心理问题识别及应对

原因可能与他们性格特征中的被动性有关，当他们遭受因公共事件所带来的巨大创伤时，他们更倾向于把事情埋在心里，或者逃避现实，不愿意释放或排解，从而积压出很多心理问题。多血质与胆汁质的儿童、青少年，当他们遭遇重大的突发事件时，会更愿意与家人、朋友倾诉、交谈，会以更加积极乐观的态度去面对整个事件。因此，当重大公共卫生事件发生时，具有多血质与胆汁质的儿童青少年出现心理问题的概率会比抑郁质、黏液质的儿童青少年低。抑郁质、黏液质增加心理易感性，最终是否出现问题，还与孩子自身的承受能力、所遭遇事件的严重程度等因素有关。

心理弹性是指个体从消极经历中恢复过来，并且灵活地适应外界多变环境的能力。心理弹性高的儿童青少年患抑郁症的风险低于心理弹性低的儿童青少年。心理弹性高的儿童青少年能够在挫折中或自然灾害性发生时进行积极地调整，保护自己免受抑郁的影响。心理弹性低的儿童青少年则更易产生负性自动思维。当突发应急事件时，心理弹性高的儿童青少年，能更加积极地适应事件发生带来的种种变化，而心理弹性低儿童青少年易将突发事件及所带来的影响严重化，且不能积极的去应对。

心理成熟度是指人的心理承受力、耐受力和适应性的表现。心理成熟度的高低反映一个人社会化程度的高低。社会化是指一个人通过和社会环境及其周围人群互动，逐渐融入社会，心理逐渐成长的过程。因为心理成熟度差的

第二部分　突发应急事件对儿童青少年心理健康状况的影响

人不易适应不断变化的环境,也不能进行良好的自我控制,所以在人际关系和心理健康方面易出现问题。而心理成熟度高的人,较易适应社会和环境的变化,能根据外界的变化调节自己的行为。他们的自控能力、承受能力都比较好,能通过自我调节使自己保持心理上的相对平衡。儿童青少年人群的生理发育尚未成熟,其思维方式、社会经验都尚显稚嫩,还处于成长的过程,心理成熟度普遍偏低。当遭遇突发应急事件时,他们无法像阅历丰富的成人那样快速适应各种环境的变化,因而易引发心理问题。儿童青少年属于突发应急事件引发心理问题的易感人群。处于不同的年龄阶段其易感性也有区别,如不同年龄阶段的儿童青少年因接触的人群和环境不同,他们所关注的事件及其对事件的认知也不同。如在新型冠状病毒肺炎疫情期间,学龄前儿童与社会直接接触较少,他们与外界的接触大多是通过父母,他们对疫情的具体消息不关注,受父母的情绪及外出限制的影响较大。学龄期儿童的自我意识、认知能力在不断提高,他们会极为关注疫情消息,可能因为自身认知方面的限制造成对疫情的错误解读而产生心理困扰。青少年与社会接触时间较前两者多,心理成熟度高于前两者,对疫情消息有基本的判断,受父母情绪的干扰较少,但他们因疫情而停学所引发的升学忧虑增多。

除了气质、个体心理弹性、个体心理成熟度之外,既往有无相关精神疾患史也会对在突发应急事件中发生心理疾患的易感性造成影响。既往有精神病史，如曾患有抑郁症、焦虑症、强迫症等，当应急事件发生及其所带来的影响极有可能诱发个体的既往疾患。另外，遗传因素也是影响易感性的一个重要因素，有研究发现，大屠杀事件的幸存者的后代成年后的创伤后应激障碍（post-traumatic stress disorder，PTSD）的发生率显著高于对照组。

突发应急事件中，家庭环境因素、社会环境因素及自身的易感因素不是单独发挥作用的，而是多种因素交织在一起的综合作用。

四、突发应急事件对儿童心理健康的影响

突发应急事件对公众的身心健康均会造成伤害。儿童由于身心发育尚未成熟，对外界的应急事件更具易感性。他们可能直接受到伤害或目睹他人受害而间接受到伤害。事件的突发性与破坏性使缺乏自我调节和保护能力的儿童心理反应更加剧烈，更易出现一些应激反应，包括急性应激反应、创伤后应激障碍和适应障碍，急性应激反应在灾后很快出现，创伤后应激障碍和适应障碍可能很久才出现。这些影响可以持续几年甚至终生。

（一）急性应激反应

急性应激反应一般会维持 6~8 周，可表现在生理、情

第二部分　突发应急事件对儿童青少年心理健康状况的影响

绪、认知和行为的异常。儿童的反应通常向两极发展，一极是更直接和更剧烈的情绪和行为反应，另一极则是麻木和呆愣。常见症状有以下 6 种。

1. **行为问题**　退行行为是年幼儿童的典型应激反应，儿童通常表现得比实际年龄更幼稚。

2. **情绪问题**　情绪问题主要表现有 4 种：①神情呆滞，沉默寡言，缺乏情感表达，或者情绪低落，沮丧，冷漠；②兴趣索然，自闭；③易激惹、易怒、情绪变化反复无常；④紧张、焦虑，尤其害怕与自然灾害有关的情境或场景，如黑夜、阴暗、下雨、打雷、刮风、闪电等。

3. **儿童居丧反应**　在灾难中失去亲人是出现儿童居丧反应最常见的压力源，也是最急需处理的危机，大多数儿童会出现以下 4 种反应：①不相信亲人已经永远离开；②觉得自己被抛弃，对过世亲人生气；③对亲人的死亡自责；④模仿过世亲人的行为或特征等。

4. **躯体不适**　躯体不适的表现包括头痛、头晕、腹痛、腹泻、荨麻疹等，这些表现不一定是躯体疾病引起的，可能是一种心理反应。

5. **睡眠障碍**　睡眠障碍主要表现为难以入眠、噩梦频频，如经常性"灾难重现"，梦见难以脱逃、四肢无力、被绑缚、被压迫或被追踪、从高空坠下或陷入地下的情景等，甚至出现半夜惊醒后，往屋外跑的行为。

6. **认知及其他问题**　认知及其他问题包括：①上课精

神不振，出现昏睡、疲劳、打瞌睡等情况；②容易分心，注意力难以集中，烦躁、好动；③食欲缺乏，生活作息习惯改变等；④有些儿童出现轻微的非实质性幻想，不能接受现实，坚信遇难的亲人仍然活着；⑤能看到死去亲人的身影，或者听到他们的声音等。

（二）创伤后应激障碍

创伤后应激障碍（PTSD）是指遭受强烈的威胁性、灾难性心理创伤，导致延迟出现和长期持续性的精神障碍，以反复重现创伤性体验，持续的警觉性增高，持续的回避为特征的临床表现。当 PTSD 症状在创伤后立即出现，在 3 个月内逐渐消失，称为急性 PTSD；超过 3 个月症状仍未消失，则称为慢性 PTSD。慢性 PTSD 处理不当，将可能持续数年或数十年，甚至影响患者一生。此外，还需注意的是，部分患者的症状并非一开始就会显现，症状有时在受创后半年或更长的时间才开始出现。

张本等的研究表明，唐山大地震 22 年后孤儿 PTSD 的患病率高达 23%。PTSD 儿童中 50%~75% 的患者症状会延续到成年后。PTSD 常见的主要症状有以下 3 个。

1. **反复重现创伤性的体验** 反复重现创伤性的体验，即对创伤事件的重复体验或梦魇。尽管患者对经历的事件极不愿想起，但却不自觉的反复回忆当时的痛苦体验或反复发生错觉、幻觉，形成创伤事件重演的生动体验（如

第二部分　突发应急事件对儿童青少年心理健康状况的影响

"闪回")。

2. 回避与创伤事件有关的活动　回避与创伤事件有关的活动主要以社会生活退缩症状为主，患者努力回避能唤起创伤的一切活动或处境，如与旁人疏远，与亲人的感情变得淡漠，对未来失去希望，觉得活着没有意义等。

3. 持续的警觉性增高　持续的警觉性增高，常伴有神经兴奋、对小的事情过分敏感、注意力集中困难、失眠或易惊醒、激惹性增高、焦虑、抑郁、自杀倾向等表现，严重时可引起人格改变。

但是，儿童与成人的临床表现不完全相同，且年龄愈大，重现创伤体验和易激惹症状也越明显。成人大多主诉与创伤有关的噩梦、梦魇，儿童由于大脑发育尚不成熟、词汇不够丰富、语言表达能力差等，常无法清楚地叙述噩梦的内容，时常从噩梦中惊醒、在梦中尖叫，并伴有头痛、胃肠不适等躯体症状。国外研究认为儿童重复玩同种游戏可能是闪回或闯入性思维的表现之一。

Catherine 认为不同年龄阶段的儿童 PTSD 的表现不同。①学前儿童的表现：急躁、呆滞、睡眠失调与畏惧夜晚、发展退化、过分依恋他人；②学龄儿童的表现：拒绝上学、在家或学校出现攻击行为、在同伴中退缩、注意力下降、成绩下降、胃痛、头痛、害怕睡觉；③少年期的表现：自伤行为、有自杀的倾向、分离症状、丧失现实感、物质滥用。

赵丞智等研究发现，PTSD 症状频率较高的为重现创伤

感受、警觉性过高、强烈的生理反应、强烈的心理痛苦和烦恼及反复闯入的痛苦回忆，出现频率较低的症状为情感麻木与回避。刘贵浩等在2003年对受灾地区儿童做心理干预，研究分析发现最常见的创伤反应包括伴有创伤体验的噩梦、过分依恋他人（尤其是父母及与其亲近的人员）、表现出与年龄不相称的退缩行为、害怕黑夜、易激惹等。典型的调查应急事件中儿童青少年心理健康状况的研究结果如下：

绵阳市中医院通过调查100例3～14岁门诊及住院儿童，发现汶川大地震对儿童心理行为活动的主要影响表现为紧张恐慌、注意力不集中、失眠、说梦话、尿频、遗尿等，以上均为儿童急性应激反应的表现。

2003年在非典疫情期间对西安2000名小学生进行问卷调查，结果显示，抑郁评分在性别、年级间的差异有统计学意义。该研究调查结论得出，性格外向者受疫情影响较小，情绪不稳定者受影响较大，提示非典疫情对小学生的影响主要与其个性特点有关，与年龄与性别关系小（抑郁除外）。有11.12%小学生发生中度以上的心理症状，其中恐惧的检出率高达16.14%。

新型冠状病毒肺炎疫情从2019年12月开始并在全国迅速蔓延，给人们的生产生活、生命健康造成了极大的影响和危害。由于生活常规的改变和对疫情认知的受限，儿童和青少年可能出现不同程度的心理问题。学龄前儿童的心理问题更多地表现为生理和行为的改变。受疫情影响而

第二部分 突发应急事件对儿童青少年心理健康状况的影响

长时间不能外出,同时受到成人的焦虑、烦躁、抑郁等不良情绪的感染,儿童可能出现烦躁、进食差、过度哭闹、过分依恋父母或照料者、睡眠问题等反应。学龄期儿童可能出现反复询问疫情相关的信息,过分紧张、害怕。和同龄儿童的互动减少,感觉无聊或沉迷于电子产品。青少年最常出现的是焦虑、对学业的担忧、抑郁、愤怒等情绪,部分青少年会沉迷于电子产品、网络游戏,也有可能会出现攻击或冒险性行为。

小结: 人的生命全程心理发展是一个连续的发展过程,但处于不同时期的个体有其鲜明的心理特征,在自我意识和人际关等心理功能上存在明显差异。不仅如此,与成人相比,儿童青少年在年龄与社会阅历、外部资源与社会支持系统、情绪调节能力上处于劣势,使得他们难以做到像成人那样有准确客观的认知,从而积极合理的应对突发事件。造成儿童青少年产生心理应激反应因素的多样性。造成这些影响的主要因素包括家庭环境、社会环境及孩子自身的易感因素。此外,既往有无相关精神疾患史对孩子在突发应急事件中发生心理疾患的易感性造成影响。由于突发应急事件具有突发性与破坏性,儿童青少年可能出现急性应激反应和创伤后应激障碍等心理反应。

(王长虹 邓 叶 胡家文 肖帅军 武凯歌)

参考文献

[1] 苏京, 詹泽群. 大学生心理健康教育. 天津: 天津科学技术出版社, 2009.

[2] 时蓉华. 社会心理学词典. 成都: 四川人民出版社, 1988.

[3] 林崇德. 心理学大辞典. 上海: 上海教育出版社, 2003.

[4] 林崇德. 发展心理学. 北京: 人民教育出版社, 2018.

[5] 易凌, 王忠灿, 姜志宽, 等. 突发公共卫生事件心理干预研究进展. 中国应激, 2010, 26(7): 929-930.

[6] 王一牛, 罗跃嘉. 突发应急事件下心境障碍的特点与应对. 心理科学进展, 2003, 11(4): 387-392

[7] Anshe LMH. Qualitative validation of a model for coping acute stress insport. J Sport Behavior, 2001, 24: 223-246.

[8] 季浏. 体育心理学教与学指导. 北京: 高等教育出版社, 2006.

[9] 郭玉安. 中国运动员临场应激评价方式与应激应付方式的关系. 北京体育大学学报, 2007, 30(7): 907-908.

[10] (美) 谢弗尔著, 放双虎译. 压力管理心理学. 北京: 中国人民大学出版社, 2009: 230, 233.

[11] 姜乾金, 黄丽, 卢抗性. 心理应激: 应对的分类和心身健康. 中国心理卫生杂志, 1993, 7(4): 145-147.

[12] 林崇德. 发展教育心理学. 北京: 人民教育出版社, 1995.

[13] Nagy M. The child's theories concerning death. Journal of genetic psychology, 1948, 73 (1): 3-27.

[14] 余萌, 俞晨芳, 苏彦捷. 4~6岁儿童的来生信念: 父母来生信念和死亡相关话题亲子谈话的作用. 心理技术与应用, 2019, 7(1): 23-33.

[15] 王慧, 李雪, 敦玥, 等. 新冠肺炎流行期青少年的心理呵护. 中国心理卫生杂志, 2020(3): 269-270.

第二部分 突发应急事件对儿童青少年心理健康状况的影响

[16] 王迎春. 青少年应对方式的发展及其与生活事件和人格特征的关系研究. 云南师范大学,2003.

[17] Zhang Y, Kong F, Wang L, et al. Mental health and coping styles of children and adolescent survivors one year after the 2008 Chinese earthquake. Children and Youth Services Review, 2010, 32 (10): 1403-1409.

[18] 刘宏,黄达峰,韦蝶心,等. 突发公共卫生事件下青少年应激心理结构探析. 中国校医, 2018, 32(7): 547-549.

[19] 杨红菊,戴梅,曾勇,等. 地震灾后45例成人心理问卷调查分析. 内蒙古中医药, 2009, 28(3): 66-68.

[20] Vingerhoets AJJM, Marcelissen FHG. Stress research I jtspresent status and issues for future de velopments. Soc. Sci. Me, 1988, 26 (3): 279-291.

[21] 刘贤臣,王均乐. 从生活事件与疾病看因果规律. 医学与哲学, 1988, (5): 40-41.

[22] 桑标,邓欣媚. 青少年与成人不同情绪刺激调节效应的差异. 心理科学, 2014, 37(3): 601-609.

[23] 高延,许明璋,杨玉凤,等. 非典期间大学生应对方式及相关因素研究. 中国医学伦理学, 2004(2): 60-63.

[24] 方慧. 从重大应急事件透析"90后"的现代健康观念. 当代青年研究. 2012(3): 16-21.

[25] 杜本峰,王翾,耿蕊. 困境家庭环境与儿童健康状况的影响因素. 人口研究, 2020, 44(1): 70-84.

[26] 张学伟. 地震对丧亲青少年的心理影响及其心理援助. 西南交通大学学报(社会科学版), 2009, 10(2): 20-24.

[27] 李少闻,王悦,杨媛媛,等. 新型冠状病毒肺炎流行居家隔离期间儿童青少年焦虑性情绪障碍的影响因素分析. 中国儿童保健杂志, 2020, 28(4): 407-410.

[28] 李磊琼. 地震后儿童心理干预与转变过程探索. 中国健康心理学杂志, 2007(6): 526-528.

[29] 张本,王学义,孙贺祥,等. 唐山大地震孤儿远期心身健康的调查研

究. 中国心理卫生杂志, 2000（1）: 17-19.

[30] 郑毅. 汶川地震对儿童的心理影响及救助措施. 中国神经精神疾病杂志, 2008（9）: 519-521.

[31] 张义, 党海红. 创伤后应激障碍社会心理学危险因素. 临床心身疾病杂志, 2008（2）: 186-187, 192.

[32] 张本, 王学义, 孙贺祥, 等. 唐山大地震所致孤儿心理创伤后应激障碍的调查. 中华精神科杂志, 2000（2）: 46-49.

[33] Lamberg L. Psychiatrists Explore Legacy of Traumatic Stress in Early Life. JAMA, 2001, 286 (5): 523-526.

[34] 李成齐. 儿童创伤后应激障碍的症状表现与干预策略. 中国特殊教育, 2006（6）: 88-91.

[35] 王志阳, 汤月芬, 施慎逊. 创伤后应激障碍国内研究现状. 上海精神医学, 2006（6）: 372-374, 379.

[36] 秦虹云, 季建林. PTSD 及其危机干预. 中国心理卫生杂志, 2003（9）: 614-616.

[37] 赵丞智, 李俊福, 王明山, 等. 地震后 17 个月受灾青少年 PTSD 及其相关因素. 中国心理卫生杂志, 2001（3）: 145-147.

[38] 刘贵浩, 郭丽. 地震后儿童创伤后应激障碍的症状及其治疗. 中山大学学报（医学科学版）, 2008（6）: 649-653.

[39] 刘亚琼, 余静, 陈佳, 等. 汶川大地震对灾区儿童心理行为活动的影响. 中国医药指南, 2008（17）: 41.

[40] 何宏灵, 刘灵, 杨玉凤. 西安市小学生 SARS 心理状态分析. 实用预防医学, 2006（1）: 18-20.

第三部分

突发应急事件所致儿童青少年心理问题的应对

一、突发应急事件所致儿童青少年心理问题的识别

当儿童青少年面对各种突发应急事件时，相对于成人，其身心健康更容易受影响。为了更好地减轻儿童青少年所受到的心理伤害，父母或其他抚育者需要及时识别常见的心理问题，比如情绪问题、应激反应及其他相关症状及问题。此类心理健康问题会因他们不同的发育阶段而呈现不同的表现形式，因而识别这些问题存在一定的困难。

（一）常见的心理问题

突发应急类事件发生后，儿童常见的心理问题表现有以下 6 种。

突发应急事件儿童青少年心理问题识别及应对

1. 恐惧 恐惧是一种常见的情绪状态，是面对某种想要逃避、摆脱的情境又无能为力时出现的情感体验，是面对特定刺激事件采取的自我防御反应，即人们通常所说的害怕。每个人惧怕的事物、情境都具有特异性。普遍性的惧怕，如雷电、火灾、地震、重病、高考，以及失去爱人、父母、亲朋好友等。研究发现，儿童的恐惧不同于成人，除了通常意义上的恐惧之外，儿童的恐惧对象还包括许多在成人眼里毫无恐惧含义的东西。

感到恐惧的人，常会敏感地感受到危险存在，但无法确信自己有战胜危险的能力。大部分儿童青少年，主要是通过网络了解时事，获得信息的途径相对单一，而面对网络上真假难辨的大量信息，他们缺乏一定的甄别能力，再加上心理承受力较差等心理特点，当他们在面对疫情时，可能会表现出难以自控的恐慌。如新冠病毒肺炎疫情期间，虽然我们看不见病毒，也不知道周围哪些人可能感染了病毒，每天在新闻上看到越来越多的人被感染、隔离、甚至生命垂危时，他们的恐惧会加剧，严重者会出现心慌、胸闷等不适，出现明显的紧张焦虑情绪。极端者甚至大肆造谣捏造事实，引起他人强烈的恐惧感，以此希望寻求对自身的心理支持。

2. 焦虑 焦虑是一种紧张不安的心境，最显著的表现是急切、烦躁、紧张、不安、提心吊胆，常会伴随着自主神经功能失调的症状，如胸闷、气喘、出汗等。焦虑是一种不良的、负性的情绪体验，产生的原因往往不确定、不

第三部分　突发应急事件所致儿童青少年心理问题的应对

明确,也未必是现实存在的真实对象或由非常明确的现实内容而引起的。儿童出现焦虑后存在明显的行为抑制问题,表现孤僻独处、难以与其他同伴相处、行为幼稚、常感身体不适、学习成绩下降,回答问题不敢正视对方,说话欠流利,强迫思维,注意力分散。焦虑状态的儿童在行为表达上有一定攻击性,表现为破坏自己(或自家)的物品、不听话、叫喊、不愿上学等。同时受生长发育的影响和自我意识的迅速发展,形成自身"成人感"的意识体验,觉得自己已经长大,不认可自己仍属于儿童行列,不愿再受到像儿童那样的特殊对待,要求别人尊重自己,故产生不被尊重的不良情绪时常以行为问题来表达。

突发应急事件发生后,人际交往一般受到限制,对人际交往易产生焦虑的中学生在他人面前会感到局促不安,具有退缩、拘谨老实、没有魄力、提心吊胆、朋友间关系处不好等特点。随着此次新冠病毒肺炎疫情的发展,面对面的人际交往大幅减少,社交方式被网络所替代,表面上看起来是弱化了他们社交焦虑所带来的不适,但从长远看实际只是让它有了一种暂时逃避的保护壳,当回归到现实的生活时,这种焦虑反应反而会增加,这与他们生活环境的变化、周围人焦虑的增加所带来的不适应和紧张有关。

焦虑对于童年期、青春期的孩子来说,是一种极为普遍的不良情绪体验和情绪状态。严重者可因长期焦虑出现冲动倾向,以及有想做出危险举动的倾向。社会化程度不足使孩子内心积聚的恐惧情绪找不到合理的缓解手段，只得采取单调的冲动性行为来表露。吴国连等抽取到970例幼儿园学龄前儿童进行焦虑调查，调查发现学龄前儿童的焦虑相关行为问题前3位分别为咬指甲（17.3%）、多动（16.5%）、遗尿（8.4%）。与女孩相比，男孩更容易出现遗尿、交流差、抽动（眨眼、吸鼻子、耸肩）、多动等行为问题。因此，通过对学龄前儿童外在行为问题的早期识别，有助于发现儿童内在的焦虑，及时进行相应的干预。如果儿童焦虑水平已经严重影响生活及学习，应及时到医院就诊。

3. **疑病** 疑病是指面对自身感觉或征象时，人们可能会做出一些不切实际的病态解释，导致心理及生理都被烦恼、疑虑、恐惧占据的心理状态。当突发应急事件时，一些人会对自己可能患上疾病的怀疑和恐惧加剧，过分关注自身健康或身体某一部分的变化。如反复测量体温、感觉身体某个部位疼痛、坚持认为咽喉患病而不敢吞咽食物、坚持认为自己感染了某种病毒而要求检测等。

疑病虽没有达到妄想的程度，但不能摆脱对患上躯体疾病的担忧。人们会毫无根据地担心、怀疑自己患某种疾病，事实上，与其实际健康状况不符。面对这种情况，多数人会选择就医，但医师对疾病的解释或客观检查往往不能消除患者的固有成见。内心充斥着罹患疾病的怀疑、担忧、恐惧，尤其是在面对一些躯体化症状的出现，如咽痛、咳嗽、发热时，或接触过确诊病例、疑似病例时，会加重这种担心和怀疑。

4. 抑郁 儿童青少年对情绪可能不会像成人一样描述自己的悲伤或抑郁情绪,有时会通过厌烦、退缩甚至愤怒来表达悲伤,有些孩子可能会隐瞒自己的抑郁情绪。抑郁的主要表现有以下6种。

(1)典型特征:包括不愿与人交往、孤独、离群。对待同伴和周围发生的事情很冷漠,对任何事物都不感兴趣。

(2)自我责备、自我贬低:总认为自己很笨、很差,同时又很敏感。容易感到悲观。在疫情期间,如果自己或家人不幸被感染或隔离,会感到绝望、沮丧,甚至产生自杀的念头。

(3)无助感:依赖是指以超过正常范围及程度无助感为特征的情绪反应。当疫情发生后,由于恐慌心理的蔓延,人人自危。儿童青少年可能会因为得不到预期的关心,陪伴,关注或及时的疏导而感到非常无助,表现出自怨自艾、依赖他人,表现比以往更加强烈的无助无望的情绪。尤其在疫情严重,全国采取封城、封路等强制隔离措施时,有些儿童、青少年会表现出情绪低落、缺乏安全感、愤怒、甚至流泪哭泣等行为。

(4)反应冷淡,无进取心:对学习活动不感兴趣,缺乏热情,学习成绩下降,思维迟钝,难以完成课内及课外学习任务。

(5)性格变得古怪:有的患儿会变得固执,烦躁不安,易发脾气，具有周期性的喜怒无常，而且发作没有前兆。爱挑衅，有破坏性行为和攻击性行为，甚至发生自伤和自残行为。

（6）躯体症状的表现：如头痛、腹痛、失眠、食欲不好、消瘦、全身游走性疼痛或瘙痒等。由于抑郁症以情绪低落为主要表现，患儿活动可能减少，因而这样的孩子常不被人注意，容易被家人、教师或同学忽视。学龄前儿童患有抑郁症时，可能会用发怒、暴躁、异常依赖父母、身体疼痛或许多其他的症状表达出来，应引起家长和医师的关注。

5. 强迫　强迫以强迫观念和强迫动为主要症状。强迫观念和强迫行为的内容往往涉及污染（灰尘、病原体）、攻击性有关想法、对称性和精确度、宗教和性的主题，混合类型也是常见的。儿童强迫中反复检查发生率高于对称和清洁。最常见的强迫思维是对伤害/灾难性承担责任的想法、污染和对称的观念。最常见的强迫行为是强迫洗涤、仪式样动作、反复检查，包括重复的日常活动和检查物品。囤积的症状没有年龄上的差异。20%的患者并发抽动障碍，50%的患者并发焦虑障碍。有学者研究指出，儿童青少年强迫症患者常听到内心的声音仪式化。患者往往存在对琐碎事怀疑、优柔寡断的性格特征，在日常活动中表现出不同寻常的缓慢。

初中生中的强迫症最早发生在十一二岁，男生比女生

第三部分　突发应急事件所致儿童青少年心理问题的应对

多见。他们中的观念性强迫症患者会不自觉地一直有某种对心理上有伤害性的观念或想法，自己又无法摆脱这些观念或想法。Geller DA 的研究报道了在儿童、青少年的攻击和伤害的强迫思维比成人高，如对灾难性事件的恐惧，或者担心自己或父母死亡或疾病。

在新冠疫情期间强迫的主要表现：①强迫性疑虑。反复担心自己是否患新冠肺炎，翻看与疫情相关的资料，反复回忆自己是否接触感染者及可疑事物，日夜惶恐不安。②强迫性穷思竭虑。出现没完没了地想"要是想自己得了新冠病毒肺炎怎么办，是去医院治疗还是在家里观察？如果去医院是家长开车送自己还是要求医院来接自己？去医院要穿什么衣服？带什么生活用品？在去医院的路上会发生什么？母亲得了新冠病毒肺炎我怎么办，我们会不会死？"有时竟想得出了一身冷汗。③强迫行为。洁癖是应急事件尤其是急性传染病流行时期很容易形成的强迫行为。即便明知不合理、没必要，但自己无法控制。青少年强迫性行为有重复行为，表现为强迫反复洗手、消毒、反复测量体温等。在疫情流行期间，有些人经常担心自己会在外界与他人接触后感染上病毒，表现出频繁洗手、测量体温、擦拭物品、给屋内消毒等强迫行为，严重者一天要重复几十次。

6. PTSD　目前对儿童 PTSD 的研究远落后于成年人，因此，儿童 PTSD 的识别相对更为困难。

（1）突发事件发生时，除常见的心理问题外，年龄较

突发应急事件儿童青少年心理问题识别及应对

小的儿童容易产生以下多种伴随症状。

1）睡眠问题：表现为入睡困难、夜醒、磨牙、梦魇、睡惊症和梦游症等各种形式的睡眠障碍。

2）抽动性障碍：表现为反复刻板地、不自主地出现眨眼、挤眼、缩鼻、歪嘴、摆头、点头、张嘴、耸肩、肢体抖动、清嗓子、喉中发出怪声和秽语等症状。

3）遗尿：5岁以上的儿童经常不能控制排尿，反复出现夜间或午间睡眠中不自觉的排尿的情况。

4）暴怒发作：表现为受到挫折后大发脾气，在地上打滚、哭闹、情绪暴发的现象。

5）发脾气：表现为显著的哭闹、耍赖、撒泼打滚等。

6）咬指甲或吮手指：这种行为能给孩子带来安全感和满足感，在气氛紧张、环境安静或饥饿疲劳时会出现。

7）反抗行为或破坏行为：对家长的要求总回答"不""就不"等，或对周围的人、物品进行攻击和破坏。

8）其他：如拔毛发，或多动。

（2）年龄相对大一点的儿童青少年则可能表现出以下伴随症状。

1）过度的紧张、焦虑和恐慌，夜不能寐。

2）过多考虑和收集有关信息，充满恐怖想象。

3）采取过度防护措施，甚至是组织参与迷信活动。

4）对自己身体特别敏感，主观症状多。

5）个人的日常生活和工作、学习、社交能力下降。

第三部分　突发应急事件所致儿童青少年心理问题的应对

6）盲目乐观或漠视状态。这类人群往往采用的是否认或隔离的心理防御机制，我行我素，不采取任何防护措施，似乎无所畏惧。但是，这并非成熟的防御机制，而是一种不敢正视现实的表现，是用表面上的无所畏惧和漠视来掩盖内心深处的不安和恐惧。

在日常生活中，儿童青少年面对生活中重要的事情或者面临危险处境时都会出现紧张、焦虑、抑郁、恐慌、不安，甚至伴有全身出汗、胸闷、发抖等。只有那些过度的情绪体验、异常的行为才会影响他们的学习生活及人际交往。通过了解上述常见的心理问题及可能的伴随症状，须注意询问儿童青少年内心感受。当多种症状同时或者交替出现，如恐惧、焦虑、强迫、抑郁等症状，儿童青少年表现为适应不良，其社会功能将被严重干扰。这给儿童青少年及其家庭造成严重问题，甚至出现明显自杀自残倾向，所以必须注意其心理问题，做到早发现，早就医。

（二）儿童青少年常见的心理问题的处理方法

在充分了解儿童青少年各个阶段的心理发展的特点后，家长及教师要全面观察他们的日常表现，注意孩子的突然变化，区别于孩子的正常发展表现，加强家长与学校之间的联系。学校、医院及各级从事心理工作的机构均可在线上定期给家长教师及儿童青少年提供心理学基础知识讲座及培训，包括一些学习调整的知识、方法及如何提高基本

的情绪症状识别能力。让各家长、教师们学到更多关于如何科学处理学生情绪波动、家庭教育、行为调整、人际沟通改善方面的知识,并运用到与孩子的沟通、教养中。具体有下列3个方法。

1. *心理社团活动* 以学校为单位可组织线上心理社团活动,教师及学生均可参与,主要普及相关新冠疫情知识,并提供一些自助办法,提高自我调节能力。

2. *组织心理测试* 采用问卷调查法,心理测验是判断被试心理特点的一个重要依据,但它只能作为决策的辅助手段。学校可定期或不定期对学生进行心理测试活动,及时和全面了解学生的心理状态。

3. *制作心理档案* 制作学生心理档案和心理咨询记录,恢复入学后,1个月内为每位学生制定1份心理档案。并且定期对学生进行心理健康大筛查。

(三)测试儿童青少年常见的心理问题的相关检查量表

1. 症状自评量表(SCL-90)是世界上最著名的心理健康测试量表之一,是当前使用最为广泛的精神障碍和心理疾病门诊检查量表。

2. 目前国内对学龄前儿童问题行为的评估主要采用Achenbach儿童行为量表(适用于4~16岁儿童)、Conners儿童行为量表,均由父母或教师根据问卷对儿童行为问题评估。其中Achenbach儿童行为量表包括对个体内向性行为问题和外向性行为问题的筛查,其应用经验较多。用学前儿童焦虑量表进行焦虑情况评估,专门用于测查学前 3~6 岁儿童一般焦虑症状的评估工具。

3. 焦虑自评量表、抑郁自评量表。

二、自我调整方法

突发应急事件会使儿童青少年心理健康受到影响,产生情绪问题、应激反应及其他相关症状。学龄期儿童和青少年的学习能力及自我认知能力都有了一定的发展,可以通过自我调整来应对相关问题。

(一)认识及接纳情绪

1. 情绪是如何产生的? 心理学实践领域中的认知行为流派认为人的消极情绪和行为障碍结果(C,consequences),不是由于某一激发事件(A,activating events)直接引发的,而是由于经受这一事件的个体对它偏差认知和评价所产生的不合理信念(B,beliefs)所直接引起。不合理信念包括以下 3 种。

(1)绝对化要求(例如:我必须保持健康,绝对不能生病)。

(2)过分概括的评价(例如:我认识的人生病了,我也一定会得病)。

（3）糟糕至极的结果（例如：多处发生疫情，完了，世界末日要来了）。

这些不理性的信念让我们对信息进行一个非客观的解释，导致负性情绪产生，如过度的担心、焦虑、紧张。因此，自我调整的第一步是对我们的认知进行调整，只有正确地理解和看待一件事情之后，才会产生一个较舒适的躯体和心理体验。可以用以下表格（表3-1）对每一次有负性体验的事件和情绪进行一个觉察和分析，当发现自己存在非理性信念 B1 时，可以让自己继续思考，除了 B1 这样的想法，我还能对这件事做其他的解释吗？由此而产生 B2、B3 的解释……，然后思考不同的想法和信念会产生什么样的情绪。最终，可以找到一个让自己更能接受的方式去面对事件 A，以这样的认知层面进行自我调整。

表 3-1 认知自检表

A（应急事件）	B（想法、信念）	C（行为结果、情绪体验）
	B1	C1
	B2	C2
	B3	C3
	……	……

2. **理解情绪的保护性作用，接纳情绪** 任何一种情绪都是人类进化过程中形成的适应性反应，具有保护性作用，如焦虑、害怕相当于一种信号，提示当前环境存在危险因素，需要预先做好防护。采取更合理的方式解决问题。有

焦虑情绪才会催促自己行动起来，有害怕的感觉则能帮助我们及时回避危险情境。因此，负性情绪的产生并非是一件坏事，要试着去理解自己为什么会有这样的情绪，允许和接纳自己产生负性情绪体验，而非抵抗它、拒绝它、排斥它，相反可以尝试怀着温和开放的态度，面对它、接纳它，这会让自己有更舒服的体验，也能更好地照顾处于特殊情况下有着负性情绪的自己。对自己不苛求、不自责。

正念是一种比较好且能帮助我们接纳自己的方法。学习接纳并不容易，在练习的过程中也要给自己一些时间，保持耐心，接纳自己在刚开始的时候可能练习的不顺畅的状况。正念的具体方法会在后续章节介绍。

（二）如何更好地与情绪相处

接纳负性情绪的存在，也就意味着要接纳负性情绪会带来的不舒服的体验，那如何与这种不舒服的体验相处呢？接下来将介绍 4 种常用的方法。放松法可以放松紧张的肌肉，缓解自己紧张焦虑的感受，允许紧张焦虑情绪的存在，从而接纳它们。稳定化技术可以帮助增强内在的力量，以更稳定的状态面对负性情绪。保持健康规律的日常作息也是非常重要的，健康规律的日常作息可以让我们保持一个较为健康的生理状态，这有利于增强心理的承受能力，保持稳定的心理状态。积极主动地进行自我情绪疏导，防止负性情绪的积压，可以避免更严重的情绪问题出现。

突发应急事件儿童青少年心理问题识别及应对

1. 放松法

（1）呼吸放松法：腹式呼吸的具体方法是将手放在腹部，试着吸气时将腹部而不是胸部鼓起来，将气体吸到腹部，当感受到腹部的鼓起后停顿（憋气）3～5秒，再缓缓将气体呼出来。可以根据自己的需要进行反复练习。腹式呼吸的方法比胸式呼吸能更好地帮助将我们的情绪稳定下来。

（2）肌肉放松法：采用同一种方法逐步放松下列4组肌肉：①手、前臂、二头肌，②头、面、喉、肩，包括额、颊、鼻、眼、颚、唇、舌、颈，③胸、腹、后背，④股、臀、小腿、脚。接下来，将以手臂和小腿的肌肉放松为例，介绍肌肉放松法的具体操作，其他部位原理相似：先让要放松的部位感受到肌肉的紧张，然后慢慢放松，认真体验每一部位由紧张到放松的过程。

1）手臂："现在，弯曲你的双臂，用力弯曲绷紧双臂的肌肉，保持一会儿，感受双臂肌肉的紧张。"（约10秒）"好，现在请放松，彻底地放松你的双臂，体验放松后的感觉，注意这些感觉。"（停一会儿）"我们现在再做一次。"（重复上述步骤）。

2）小腿："现在，我们放松小腿部位的肌肉。"（停5秒）"请你将脚尖用劲向上翘，脚跟向下、向后紧压地面，绷紧小腿上的肌肉，保持一会儿。"（约10秒）"好，放松，彻底地放松。"（停一会儿）"我们再做一次。"（重复上述步骤）。我们只要找到一种方式先让相应的肌肉感受到充分紧张的状态,保持 5 秒左右,然后快速彻底的放松。按照 4 组肌肉的顺序,逐步放松即可。

2. 稳定化技术

(1)软着陆技术:软着陆技术是可以在情绪波动比较大,内心感觉非常不安,无法专注于现实状态时使用的一种稳定化技术,它能帮助我们更好地回到当下,用更稳定的状态面对当下,而不被头脑中焦虑等情绪困扰。下面是具体的操作方法。

第一步:需要停下来正在做的事,以一个舒适的体位坐下来,腿和手不要交叉。慢慢地深吸气和呼气。看看自己周围,说出 5 种不会让自己产生困扰的事物,例如,我看见一个窗户,我看见一台电脑,我看见一张桌子,我看见一张椅子,我看见一件衣服。慢慢地深吸气和呼气。

第二步:说出 5 种自己能听见的、不会让自己产生困扰的声音,例如,我听到妈妈走路的脚步声,我听到空调口的风声,我听到有人在说话,我听到有人在做饭,我听到自己的呼吸声。慢慢地呼气和吸气。

第三步:说出 5 种不让自己困扰的感觉。例如,我可以感觉到我的手放在大腿上,我可以感觉到双手与手套的接触,我可以感觉到椅子与背部的接触,我可以感觉到双脚与地面的压力,我可以感觉到空气与鼻黏膜的摩擦。慢慢地的呼气与吸气。

第四步:说出周围的 5 种颜色。例如,白色的桌子、

黑色的电脑、红色的杯子、黄色的垃圾桶、蓝色的笔。慢慢地呼气和吸气。

可根据自己的实际情况继续添加描述，过程中体会逐渐地专注于当下的感觉，接纳此时此刻的一切事物的存在和自己的感受。

（2）蝴蝶拍：蝴蝶拍是在产生焦虑不安的情绪时，进行自我安抚的技巧，可以用于增加内在资源，使内在感觉更加稳定。一般由当事人自己完成。年龄小的孩子，可让父母抱着，帮助其完成。年龄大的孩子可以让他们独自做蝴蝶拍。需要强调的是轻拍的节奏要慢，4～12轮为一组，下面是具体的操作方法。

首先，蝴蝶拍的动作是将双手臂放在胸前交叉，以固定左手拍右臂、右手拍左臂的方式交替轻拍自己的上臂；左右各一次为一轮，4～12轮为一组。轻拍的节奏应较慢、较轻。

在轻拍的同时，从你日常生活中或既往经历中选择一件您觉得愉快/有成就感/感到被关爱或其他正性体验的事件。回想这个事件。找到一个最能代表这种积极体验的画面，以及这种体验在身体的部位及身体感受。想到这个画面，体验身体的积极感受，在这个过程中对头脑和身体的变化采用顺其自然的态度应对，如果在轻拍的过程中出现负性的内容，可以告诉自己"现在我只需留意到积极的方面"，负性的内容可以之后再进行处理，继续想着积极的画面和体验进行拍打。每拍完一组后可以停下来，深吸

第三部分　突发应急事件所致儿童青少年心理问题的应对

一口气。如果好的感受不断增加,可以继续下一组蝴蝶拍。几轮结束后稍停,如果注意到的内容是积极的,可以继续以上述方式进行蝴蝶拍直到积极的内容不再变化为止,或者直到自己感觉舒适为止。然后以一个词来概括刚刚脑海中所回想的事情及当下的体验,如温暖。当想到这样一个词后,带着这种温暖的体验,最后再做一组蝴蝶拍。

3. **健康规律的日常作息**　当面对一些重大突发事件时,生活方式、学习及工作状态都会受到影响,日常的生活节律也可能会被打乱,从而造成内心的不确定感、混乱感,这无疑会进一步加大在心理上出现的焦虑、抑郁、恐惧、害怕等体验的可能性。因此,通过自己对日常生活的调整,尽量合理健康地安排每天的活动,这对特殊情况下保持健康的心理状态十分必要。建议每天可以给自己制定一个每日活动安排表(表3-2)。

表3-2　每日活动安排表

×× 的每日活动安排表		
日期:　年　月　日		
时间	活动内容	感受、想法
8:00—9:00		
9:00—10:00		
11:00—12:00		
……………		

对于年龄小一点的孩子,计划内容可以由孩子与家长

讨论后形成（避免家长强制要求），年龄大一些的孩子则可以自己制定，最终要用表格形式列出来，可以贴在墙上等比较显眼的位置。每次完成一项任务后，可以用自己喜欢的符号标识出来表示已完成，如打钩、画笑脸等。如果愿意的话，可以记录完成每一项任务后的心情评分及想法，后续可与父母分享，这样做既能帮助自己由专注外界转为专注自身感受，减少一部分焦虑感和不确定感，又可为亲子沟通多提供一个机会。这个过程还能体验到自我管理的胜任感及完成任务的成就感，从而在每天的生活中体验到确定感和有序感。

可以从日常生活中的一些重要且容易出现问题的方面为大家提供一些建议。

（1）睡眠：不良的心理状态和外在现实压力可能会导致急性失眠，这也是应激反应，主要表现为入睡困难、早醒、夜间频繁醒来、睡眠浅、多梦及白天精力不足、困倦等症状。这些症状可以通过自我调整和随着生活事件的结束而逐步缓解的。自我调整方法包括以下3种。

1）形成规律作息：无论前一晚睡眠质量如何，第二天都要按时起床，不要赖床或睡回笼觉，周末起床时间和睡眠总时长不要与平时相差太大。睡眠时长以能保证第二天的精力即可，不要贪求睡眠时间的长短。如果晚上睡眠质量差，白天尽量不睡，以保证晚上的睡眠质量。

2）建立卧室、床与睡眠的联系：床只用于睡觉，不在

第三部分 突发应急事件所致儿童青少年心理问题的应对

床上做诸如看电影、吃零食、吃饭、看书、玩游戏等本应该在客厅或书房完成的活动。只有感到明显困倦时才上床休息，增加睡眠压力，促进快速入睡。躺得多并不意味着睡得着、睡得好。如果睡不着就应暂时离开床。这可以帮助大脑建立起床与睡眠之间的联系。

3）避免就寝前的过度刺激：入睡前1小时停止活跃的脑力活动。学习一套放松训练方法，在晚上入睡前加以练习，如前文中的呼吸放松法和肌肉放松法、正念冥想等。

（2）运动：建议保证每天30~60分钟的运动时间。运动可以帮助得到躯体上及心理上的放松。身心是一个整体，身体得到放松，心理上也会感到舒适。同时，通过运动增强机体的免疫力，更好地面对外部环境。打球、跑步、跳绳、八段锦都是对健康非常有利的运动方式。

（3）娱乐：娱乐方式的选择非常重要，避免过度娱乐，同时也不要过度工作或学习，使身心处在一个超负荷的状态。手机作为当前最受欢迎的娱乐方式之一，占用了我们的大部分娱乐时间，对于儿童青少年手机的使用有以下3点建议。

1）睡前避免使用手机：很多时候，你以为只看了一会儿手机，却在不知不觉间花了一两个小时。因为睡前自控力其实比想象中要更低。白天我们精力充沛，精神饱满，有足够的心理能量在冲动和诱惑面前保持克制，但是在晚上，经历了一天的学习后你的心理能量已经损耗殆尽，这时候你的想法更接近于"都压抑一天了，现在就让我放肆一下吧",或者"我都累了一整天了我要好好补偿自己",这样就出现了我们常说的"报复性熬夜"。所以,我们更容易在睡前得意忘形,不考虑明天是否能按时起床,忘记明天的精神状态可能会受影响。白天也可给自己设置使用时间,如果无法控制得非常好,可以用闹钟提醒自己,或者找家人协助,比如,请家人在学习时间以外、晚上睡觉前、玩手机时限已到时帮忙保管手机。

2)避免过度使用手机:过度使用手机可导致我们分心,易让我们处于一个不稳定、不安心的状态。手机里的内容大多具有变换速度快、内容新颖、感染性强的特征,上一个视频的内容是伤感的,下一个视频内容立马变得让人捧腹大笑,我们的情绪也常被各种各样的信息影响着,长期在各种情绪中来回切换,越来越容易分心,越来越无法专注于当下,越来越难以保持情绪的稳定性。

3)避免信息过度:在重大的社会突发事件发生期间,常会有很多新闻报道让我们了解情况。但是信息的过度摄取会让我们产生紧张、焦虑和忧虑等负面情绪。建议不要过度查看网络上各种有关事件发展的消息,因为有很多信息并非是官方发布的或者正确的消息,这些信息会让人产生不必要的恐慌情绪,关注几个有可靠信息来源的渠道即可,避免信息过度。

(4)学习:适当给自己安排一些学习,学习任务的难度适中最为合适,学习的内容可以是课内外文化知识,也可以是操作性的技能。通过克服小的挑战而体验成就感，在这样的学习过程中让我们感觉有收获。这些正性、积极、激励的情绪体验有助于提高我们对生活的满意度，使生活更有意义。同时，将学习到的知识或技能应用到实际生活中，有助于提升自我价值感，增强自信，从而更好地面对社会事件。

4. **自我情绪疏导**　由于社会事件所导致的焦虑、抑郁、紧张等情绪应及时进行疏解，采用压抑和回避的方式只会导致严重的心理问题甚至精神障碍出现，从而影响个体的健康和社会稳定。情绪表达是一种非常好的疏导方式，如写日记，涂鸦，通过微信或面对面的方法与家长、教师、同伴分享表达情绪。必要时向他们寻求帮助，或者通过他们寻求专业的心理工作者的帮助。

三、家长、教师、同伴和社区的帮助方法

突发应急事件对儿童青少年心理健康有诸多方面的影响，儿童青少年除了可以通过自己的力量进行自我调整外，家长、教师、同伴和社区同样发挥着重要的作用。

（一）家长的帮助方法

家长是陪伴孩子时间最长、与孩子情感联结最深的重要他人，发挥其积极作用有助于孩子面对突发应急事件的

突发应急事件儿童青少年心理问题识别及应对

冲击与伤害。

1. **控制信息获得** 突发应急事件发生后，使孩子适度获得准确、真实的事件相关信息对缓解孩子的恐慌情绪有很大帮助。而不同年龄段，孩子的心理发育特点各有不同，家长采用的帮助方法也有区别。

学龄前和学龄期低年级儿童，可能在准确察觉、表达和宣泄情绪的方式上不够成熟。家长用隐喻和象征的方式告知孩子关于事件的信息可取得更好的效果，同时过程更有趣味性，又不会使孩子感到生硬可怕。比如，可以采用漫画、讲故事、角色扮演等方式给儿童讲述正在经历的事件，既要让孩子意识到事件的严重性和危害，也需要告知孩子政府、社会、医院等正在积极应对，其他国家、国际组织给我们带来哪些帮助，以及积极应对带来了哪些好消息，使孩子做好自身防护措施的同时，也能对我们能顺利度过此次危机抱有希望，增强孩子对国家、社会及国际社会的信任感。除了让孩子相信政府举措的正确性外，相信自己是整个社会不可缺的一部分、肯定自己的意义和价值也非常重要，要让孩子懂得，打赢这场"战役"也需要他的参与和努力，并告知他可以做些什么来发挥自己的作用，贡献自己的一份力量。

青少年时期独立意识开始萌芽，自我意识提升，逐渐形成属于自己的观点。家长应该把他们看作一个独立的个体，在沟通时以朋友聊天的方式，交流各自的观念和想

法，不强迫其接受自己观点。这样能让他们感受被平等对待，也会让其更容易接纳家长的想法。青少年比儿童更加容易从网络上获取信息，而网络信息繁杂，一些信息可能带来恐惧情绪，因此信息筛选和控制接受信息时长非常关键。家长可以建议孩子每天获取事件相关信息的时间不超过1小时，以免助长恐惧情绪。将官方新闻媒体作为获取信息的渠道，并向孩子解释此种做法的原因。使孩子少受负面事件的影响，多关注积极事件。如医护人员的奉献精神。良好的沟通和选择性获取信息，有助于提高孩子面对挫折时和处于困境时的应对能力。

2. 关注情绪和行为变化 家长需要密切观察和关注儿童青少年的情绪和行为变化，如果发现异常情况，应及时给予帮助。良好的情绪管理能力对儿童青少年的身心发育、成长健康和人际关系的发展有积极影响，而家长在儿童青少年情绪管理能力的培养上扮演着很重要的角色。

对于学龄前期和学龄期低年级的孩子来说，发生突发应急事件后，可能会出现恐惧情绪，而情绪很多时候会反应在行为上，比如出现入睡困难、半夜惊醒、做噩梦、易激惹、敏感等。这时家长应及时察觉，接纳这种状况，并告诉孩子这是正常的反应。家长的安慰与陪伴能给予孩子安全感，尽量引导孩子提高自己情绪管理的能力。同时，在面临突发应急事件时，生活被打乱，会造成强烈的不安全感，家长需尽量确保孩子的生活与应急事件发生前一样，

这样能给孩子带来稳定的感觉,让他们知道即使发生突发应急事件,生活中还是有一部分是不变的,在条件允许范围内进行以前的常规活动,如运动、学习等。还可以发挥大家的创造性,做平时想做但没做的事情,例如,一起读几本想读的绘本、一起学习下棋、跳舞等。

而对于青少年来说,也可采取上述方法给予孩子支持、陪伴、安慰和安全感。需要注意的是,父母支持在降低青少年焦虑的作用上存在差异,有研究显示,母亲支持和父亲支持均能降低青少年焦虑,其中父亲支持的影响是直接的,父亲能给孩子提供长期稳定的支持,在应对孩子的焦虑情绪时,也应该重视父亲的作用。青春期的孩子情绪具有不稳定的特征,可能会更敏感,因此家长也需要辨别孩子的情绪,以便做出合适的应对。如果发现孩子的行为问题,尽量不要用命令性和指责的语气去与孩子沟通,很多行为问题是由情绪问题导致的,这些行为问题是孩子表达需求的一种方式,家长需要用更多的耐心去弄清楚原因。

3. **开展游戏活动** 游戏是贯穿一生的活动,它对情绪、幸福感等方面都有很大影响,也是儿童青少年的生活中不可缺少的一部分,不同年龄阶段选择游戏的主题和类型也有所差异。

游戏是学龄前期和学龄期一个很重要的主题,尤其是在面临突发应急事件时,游戏可以帮助孩子调节情绪,在家里,家长可以开展一系列的亲子游戏,这些游戏活动不

第三部分 突发应急事件所致儿童青少年心理问题的应对

仅具有趣味性,还具有缓解焦虑情绪、增强自尊的作用。不同的孩子有不一样的兴趣方向,最好选择孩子喜爱的游戏活动。游戏的类型有多种,如情绪发泄类、创造类、角色扮演类等。情绪发泄类的游戏能发泄一部分消极情绪,如丢沙包、运动、踢毽子、水晶泥、起泡胶、射击等。创造类游戏可使孩子在完成后有一定的成就感和价值感,如搭乐高积木、绘画、手工制作。角色扮演类游戏可让家长通过游戏向孩子科普相关事件的知识,以及如何应对,如让家长扮演患者、孩子扮演医师,也可互换角色。

随着年龄的增长,游戏的主题和特点也在不断变化,遵循由简单变复杂、由低级到高级的规律。青少年时期的游戏大多比较丰富,并且随着时代的发展而不停地变化,如今手机游戏、网络游戏在青少年中就非常受欢迎。网络游戏对青少年能够产生有益影响,包括认知发展和社会性发展,一方面,玩特定类型网络游戏可以提高青少年的空间加工、心理旋转等认知技能和学习能力;另一方面,亲社会的游戏能够增加亲社会行为,多人在线游戏能提高青少年与他人的社会联系,增加合作行为,所以家长应从积极的角度认识网络游戏对青少年的影响,而不仅仅看到游戏消极的部分。青少年的确能从这些游戏中获得乐趣,游戏能帮助他们调节情绪,在面临突发应急事件时,对于喜欢玩游戏的青少年,家长每天陪孩子玩1小时游戏或许对青少年的情绪有很大帮助。与此同时,家长和孩子可以开

发一些对锻炼身体有帮助的游戏活动，比如，在家里做适当的运动、一起练瑜伽或静坐、做家务等。在选择游戏活动类型时，最好选孩子喜欢、感兴趣的游戏活动。

（二）教师提供帮助的方法

在面临突发应急事件时，除了家长能发挥重要的作用之外，和孩子接触较多的教师们也可在一定程度上帮助孩子。突发应急事件的影响或许能持续很长的时间，教师有更多时间观察儿童青少年在学校的情况。

1. **对情绪行为状态保持敏锐觉察**　在学校时，教师是和学生相处时间最长的群体，因此，在给学生提供帮助上，教师也发挥着重大的作用。教师需对学生反常的情绪及行为状态保持敏锐的觉察，各任课教师之间应加强沟通，发现任何异常时要及时给予关注，如活泼开朗、善于交友的孩子变得沉默少语、孤独离群，学业优秀、学习勤奋的孩子变得学习被动、完不成作业，平常着装干净整洁的孩子变得生活懒散、邋遢等，以上现象要引起教师的关注。同时也要告知学生有任何问题或困惑都可以找教师聊一聊，寻求帮助。

2. **开展相关主题班会**　班主任可以开展突发应急事件相关的主题班会。针对不同年龄段的学生，设计合适的形式与方案。学龄前期和学龄期低年级孩子虽然认知能力水平较低，但也能感知到生活中的改变。采用室内游戏的形

第三部分 突发应急事件所致儿童青少年心理问题的应对

式进行主题班效果会更好,例如,角色扮演类游戏,相比在家里的角色扮演,在班级的团体中进行角色扮演可能会更有乐趣,内容更丰富,参与的人更多。扮演的人物可以是事件相关的事物,情节设置最好为传递正能量、乐观和希望的态度。学龄期高年级的孩子和青少年认知水平和表达能力逐渐提高,主题班会可选用的方式更多样,比如游戏、讨论、辩论、观看影片分享感想等,鼓励孩子思考、体验,更多地发表自己的意见和看法,分享自己的感受。这些在班级的环境中感受分享是非常有意义的,一方面可以提供一个倾诉的渠道;另一方面,倾听的学生也能从更多的视角分析问题。

3. **开展心理课和心理辅导** 专业的心理教师可以开展与突发应急事件相关的心理课与团体心理辅导活动,并开放专门的突发应急事件心理危机干预和心理咨询通道。在班级做好宣传工作,给需要的学生提供帮助。同时,负责观察学生的教师们如果发现需要帮助的学生,应主动询问情况,推荐其到心理教师处进行咨询与干预。在进行这些工作时,不同年龄段的孩子处理方法也不一样。①对于学龄前期和学龄期低年级的孩子,在心理课和团体心理辅导活动上,讲故事和游戏类的方式更容易被接受;而对于学龄期高年级的孩子和青少年,表达感受更加重要。②在进行心理危机干预和心理咨询时,学龄前期和学龄期低年级的孩子最好采用游戏治疗的方式,而学龄期高年级的孩子和

青少年可采用谈话治疗的方式。需要注意的是，如果超出了心理教师能帮助的范围，就需要寻求专科医师的帮助。

（三）同伴提供帮助的方法

1. **同伴角色的重要性**　在孩子的成长过程中，同伴也发挥着不可忽视的作用，但家长、教师和社会却很少意识到这一点。学龄前儿童进入幼儿园开始，就有了接触同伴的机会，到了学龄期进入小学，慢慢形成了同伴、朋友的概念，好朋友将逐渐区别于普通同学。在突发应急事件后，同伴可能作为重要他人的一部分，在很大程度上能给予儿童青少年帮助。而同伴关系一般涉及两部分，第一部分是一个群体与个体之间；另一部分是两个个体之间，这两部分对孩子来说都很重要。发生在两个个体之间的同伴关系就叫友谊，友谊在儿童青少年的成长过程中扮演着独特的角色。

2. **同伴的接纳和较高的友谊质量**　长期、严重的孤独会引发儿童青少年某些情绪问题、行为问题、认知问题，在应急事件发生后，这种影响可能会放大。研究显示，较高的同伴接纳和友谊质量高能很大程度上提高孩子的心理健康水平，友谊质量中的冲突与背叛使儿童孤独感增加，而友谊质量中的亲密坦露与交流增多会使儿童孤独感降低，如果儿童与最好朋友之间的友谊质量高，就能够从这类一对一的社会交往关系中收获更多的情感支持。那么，如何能保持较高的友谊质量呢?

对于学龄前期和学龄期低年级孩子来说,他们对事件的理解和认知还不全面、不深刻,对同伴概念的理解还不成熟,所以让这个年龄段的孩子主动去帮助他们的同伴会有些困难,因为他们自己可能还未意识到事情的发生,但如果他们的同伴来向他们求助,最好的方式是花一些时间陪伴他们,一起玩游戏,互相倾诉,互相支持。

而对于学龄期高年级孩子和青少年,对事物的感知能力提高,开始对朋友有选择性,他们会更倾向于和与他们合得来的同伴发展更深入的友谊关系,与朋友的联系日益紧密,甚至在青春期可能超过与父母关系的联结,所以朋友是青少年在面对挫折和困难时非常重要的支持力量。突发应急事件容易使孩子产生强烈的不安全感,良好的依恋是安全感发展的保障,除了亲子依恋,同伴依恋也是青少年安全感的重要来源。研究显示,同伴依恋能使青少年产生安全感,而且,和非依恋同伴相比,与依恋同伴的互动对个体安全感发展的意义重大,相比于亲子关系的不可选择性,同伴关系的可选择性是优势,多选择与依恋同伴交往能获得更多安全感。

在应急事件发生时和发生后,作为朋友在保证自己尽量少地受到负面影响的前提下,可以主动地发挥自己的作用,比如多与同伴交流,及时发现其反常之处。如果同伴来倾诉或求助,可以多陪伴、多倾听。如果在事件当中与朋友有相似的感受，互相交换彼此的想法会很有效，让他知道不是只有他一个人会有这样的感受。如果他的问题有些严重，超出朋友能帮助的范围，一定要向家长、教师和专业人士求助。需要注意，同伴关系存在性别差异，女生的同伴关系要比男生好，不管是在亲密的沟通和交流方面，还是在互相支持鼓励方面，女生更擅长，也更愿意花时间去陪伴和倾听。因此，突发应急事件发生后，需要更多地关注男生的同伴关系及其应对方法。

（四）社区的帮助方法

家长、教师和同伴是儿童青少年接触较多的人，除此之外，社区作为儿童青少年生活的地方，也能贡献出自己的力量。在应急事件发生时及发生后，社区作为宏观社会的缩影，可以充分发挥积极的力量。首先，在社区内宣传事件相关知识，这是除网络外，人们能很快了解事件发生的渠道，特别是对于低年龄段的孩子。其次，社工在保持安全的前提下，可以随访每个家庭，了解家庭特别是儿童青少年的情况，确保儿童青少年处于被监护的状态，如发现儿童青少年因家人患病或死亡无人照顾，应先安排社区照护，并积极上报民政及其他相关政府部门，进行后续安置和照顾。及时给予帮助，让孩子感受到很多人都在关心着他，让他感到温暖和安全。最后，在保证大家安全的情况下，社区可以采用合适的方式组织一些针对儿童青少年的团体活动,让尽可能多的孩子参与其中,感受团体的乐趣和支持,提高心理免疫力。

相信通过来自各个方面的不懈努力和帮助,儿童青少年能度过应急事件的特殊时期,并且随着事件的影响逐渐减小,逐渐回归到正常生活中。

四、心理工作者的干预方法

应急事件发生时及发生后,心理工作者需要考虑孩子多方面的问题。首先需要了解和推测孩子的身心在应急事件中有可能发生哪些变化。我们不能仅局限于探讨心理工作理论,还须考虑到各种方法和技术的适用性。因此,心理工作者应多关注社会新闻及相关研究结果,了解现况,对整个社会众多家庭面临的情况做出一个预估,再纵向深入探讨理论与技术。

应急事件发生时,孩子长时间处于一个空间,身体的行动被限制,在心理上很容易产生局限感,心理空间也会被压缩限制。而如果家庭沟通氛围欠佳,孩子的情绪、情感不能有效地排解,就可能出现沉迷游戏、紧锁房门、嗜睡等情况。另外,由于学校网络课程的设置,孩子可能同时面临玩手机的诱惑和学业的双重压力,这容易造成孩子内心的冲突与焦虑。除了以上提出的情况外,突发应急事件很容易带给孩子"世界是不稳定的和不安全的"的认知

这种不安、不稳定的体验也是需要心理工作者进行干预时留意的地方。总体来说，突发应急事件容易带给大家不安全、不稳定、被限制、焦虑、孤独、抑郁等内心感受，心理工作者干预时需要多加注意观察孩子（及家长）有无上述情绪体验。

当应急事件发生时及发生后，心理工作者开展心理干预的方法如下。

（一）游戏治疗

1. 游戏治疗的定义 游戏治疗是对年幼儿童的一种咨询方式，治疗师运用玩具、艺术材料、有规则的游戏和其他游戏媒材，以儿童的"语言"——游戏治疗，与儿童进行沟通。进入青春期之前的孩子由于在语言表达、自我控制、情绪情感体验及抽象思维能力发展水平上不够成熟完善，因此常缺乏进行谈话式咨询所需的专注力、内省能力和流畅的交流水平。但当应急事件发生时，他们会遭遇来自外界及自身发展过程中的压力、刺激、创伤等不良体验，为此我们需要使用孩子特有的表达方式即游戏治疗来与他们对话，并实现疗愈的作用。游戏治疗也并非年幼孩子的专属，在面对青春期孩子时，由于他们在心理特质上会呈现两极化的矛盾冲突，开放与防御兼顾，我们也可以运用游戏的方式来搭建进入其内心的桥梁，从安全保护的角度切入，对其内在的探讨和分析，以帮助他们度过特殊时期的种种心理障碍。同时，游戏治疗也并非心理工作者专用，家长、教师同样能够在日常学习和生活中利用游戏治疗的力量来引导疗愈孩子。

2. **游戏治疗的影响因素**　游戏治疗具备系统的理论模式，其中包含至少 14 种疗愈因素：沟通、能力、宣泄、净化、想象、角色扮演、减少抗拒、促进关系、正向情绪、创造性思考、隐喻的教导、玩规则游戏、发展依恋关系、控制发展的恐惧等。运用游戏的疗愈因素，我们能帮助孩子预防或解决心理困境，以促进其成长和发展潜能。在和孩子游戏的过程中，我们利用游戏治疗的疗愈因素与孩子建立新的关系模式。区别于他们在日常生活的体验，这种模式带有积极关注、接纳保护的意义，帮助孩子传递他们无法以语言描述的复杂情感，以隐喻、建设性的方式表达内心的攻击性力量、焦虑不安或无助绝望等负面感受。通过游戏我们和孩子之间建立的良好互动和安全边界，还能让孩子观察自己的行为和动机，学习恰当的社交技巧，适应变化环境，并运用新的可能性进行尝试。

3. **游戏治疗使用的注意事项**　使用游戏治疗时，无论成年人的身份角色是家长、教师还是心理工作者，都需要具备一些基本的态度。包括：我们喜欢孩子，乐意与孩子相处，尊重且包容他们的行为表达与情绪发泄，并且自我觉察当下自己感受的情绪体验；我们需要有一定的幽默感，能自我解嘲，接纳不同角度的意见，即使这些意见来自孩子，我们也不要认为这是不礼貌的行为，是对自己的冒犯和反驳，或者认为孩子过于固执己见；我们对游戏治疗须有认同的态度，愿意和孩子使用游戏或隐喻的方式进行沟通。我们应有榜样示范作用，但同时也愿意以孩子的角度去尝试人际关系和探索个人的主题。保持开放且真诚的态度与孩子相处，同时坚定且温和的遵守游戏过程中的设置与安全边界。

而对于心理工作者，除了基本的专业态度，我们还需要体察自己在进行游戏治疗过程中的状态。比如，自己是否有足够的经验、能力、技术及精力帮助孩子渡过难关。在进行连续治疗的过程中遇到问题与瓶颈是否有办法获得及时的督导。若孩子的现状必须与其他专业人员合作才能有效，如患有孤独谱系障碍、精神发育迟滞的孩子，他们可能同时还在接受干预康复等治疗，自己是否能够很好地与这些专业团队衔接。孩子的问题通常不仅是个体独有的问题，他们的家庭教养环境、学校生活模式等都会对其造成影响，作为心理工作者对其进行治疗的同时须考虑这些外在因素。

4. *游戏治疗的种类*　根据不同取向对游戏治疗进行分类，包括心理动力游戏治疗、结构游戏治疗、关系游戏治疗、非指导的当事人中心游戏治疗等十余种不同治疗学派。随着时代的发展，新的治疗派别分类也不断出现，比如从成人治疗理论发展的游戏治疗取向，其中包括认知行为游戏治疗、完形游戏治疗、荣格游戏治疗、阿德勒游戏治疗等治疗派别，此外还有整合多元理论的游戏治疗取向，包含有主题游戏治疗、家庭游戏治疗、动态游戏治疗等。

5. *游戏治疗的环境和玩具选择* 游戏治疗的治疗环境和对玩具的选择都有一定的要求。就环境而言，游戏空间大小要适度，足够孩子活动即可，过于宽敞的环境有时候可能使孩子产生回避或无助感。游戏房间具有一定的隐私性，这样就不易使孩子被外界影响，导致注意力分散，同时让孩子能决定自己的开放程度，如是否打开门窗，是否需要开灯等。由于游戏中可能会使用颜料或带有黏性的物质，游戏角的地板墙壁可以稍做处理，比如贴上可水洗的墙纸、黑板贴纸等，便于整理清扫，既方便孩子进行发泄、减少行为限制，同时也可避免因为清洁工作过于麻烦而出现情绪问题，如果环境允许，还可以提供用水区、作品展示区、观察区等场所。

在选择玩具种类时，要考虑玩具的基本材料，挑选的玩具要适用于孩子的年龄，不同阶段的孩子对于玩具的理解和接纳度各不相同，幼儿期的孩子可能更喜爱毛绒玩具进行过家家的游戏，但青春期的孩子则会觉得这类游戏太幼稚，他们更喜爱认知整合程度更高的玩具。而由于社会环境因素的影响，不同性别的孩子对于玩具种类的需求也有区别。玩具本身要有创造性，能吸引孩子对其进行探索与衍生性的创新，如乐高积木、手偶、绘画工具等。玩具

灵活安全，可以作为情绪感受表达的载体，方便孩子控制。

心理工作者在挑选治疗用玩具时，可按照专业性强的分类来选择，以满足不同孩子的需求。游戏治疗类玩具可分为6类。

（1）抚育类：比如玩偶或手偶，包括动物模型（远古生物、野生动物与家畜类）、人类模型（不同年龄段的家庭成员）、食物模型、厨房用品等，游戏中抚育关系的再现与重塑能帮助孩子向我们传递在依恋关系、家庭环境、社会生活中他们的现状和需求。

（2）角色扮演类：比如职业玩具套装，包括医师、厨师、美容师、警察、消防员、工程师、商人等常见职业；过家家玩具（小帐篷、生活用品玩具模型）；各类交通道具模型；非现实类玩具，包括英雄角色玩偶、奇幻类角色和场景模型（魔法师、仙女、皇室、城堡）等。角色扮演能以隐喻的方式帮助孩子探索现实社会生活中自己面临的实际问题，提升适应能力，并可尝试采用新方法来解决问题。

（3）情绪管理类：针对不同情绪将分为恐怖类玩具（僵尸玩偶、幽灵、恐怖面具等）；攻击类玩具（飞镖、打靶、武器模型、军事模型等）；减压类玩具（泡泡水、剃须泡沫、水晶泥、节日喷彩、尖叫鸡、捏捏乐等）。情绪管理类玩具能帮孩子处理以象征方式表达愤怒、焦虑、压抑、失控、害怕等不同情绪，可以在轻松、愉悦的氛围中让孩子的不良情绪进行安全可控的表达和宣泄。

（4）注意力管理类：如桌面弹球、拼豆豆、拼图（不同片数）、各类串珠、各类拼装玩具（乐高、磁石、泡沫纸、变形玩具）等，针对有注意力问题的孩子可以点对点进行游戏方式的训练，在提高孩子注意力的同时帮助孩子重塑自信和自控能力。

（5）竞技类：如钓鱼游戏、棋牌、球类、智力玩具等，这类玩具因为通常会涉及协同合作与竞争对抗，因而可以帮助孩子练习社交技巧，提升自我认同感，调节认知水平。

（6）自我表达类：心理剧（表演服装、道具、小型舞台）、情绪贴纸、彩纸折纸、橡皮泥、黏土、DIY工艺、各类绘画工具等。这一类别的玩具通常用于孩子进行深度自我表述、展示创意、情感分析等，由于借助载体，可以避免孩子直接暴露于治疗当中，减轻其创伤重现的痛苦。

6. 游戏治疗中运用的基础技术　　游戏治疗分为多种派别，在治疗过程中也大都具备自身的特殊方式和方法，其中有5种基础性技术在不同派别的治疗中依然被广泛运用。

（1）追踪技术：当我们和孩子游戏时，以一种不带评价、不发散的方式描述孩子正在做的事，如孩子正在进行角色扮演，我们就描述角色正在做的事，这样是为了向孩子传达我们对于他的关注，他的游戏内容对我们很重要。

（2）重述技术：在不增加过度分析的情况下，灵活适当地复述孩子所说的话，避免机械重复或使用过于成人化用语。我们以此表示对孩子所述内容的尊重和好奇，同时能传递我们对于他当前行为的认可,而孩子对此做出的反应也可以使我们更好地理解孩子的行为和情绪感受。

(3)反应技术:我们在游戏的过程有重点地猜测或描述孩子的感受,包括语言性及非语言性的,但仅限于描述,不做询问、评价、否认及纠正,在关系允许的范围下可以适当地探索不明显的深层感受,尤其是对青春期的孩子。这样既表达了对孩子的尊重和接纳,又增加了孩子对情绪的体验,以及对复杂情绪的清晰化。

(4)设限:游戏中我们需要设置一定的安全界限,例如在游戏中,孩子不可以做任何有可能或故意伤害自己、其他孩子和成人的行为,不可以损害(故意的)玩具、材料或其他物品等。设限通常是为了保护心理工作者和孩子的人身安全,增强他们的自控力,降低玩具的损耗。而使用设限时也要注意使用温和明确的态度,避免责骂、批评孩子。

(5)责任归属:在游戏中,当孩子向我们明示或暗示自己需要帮助时,我们应避免替孩子做他们会做或应该做的事,我们可以用口头鼓励、直接表达、隐喻等方式直接或间接表示对孩子能力、决定权的认可。进行责任的归属并非是磨炼孩子或增加其耐挫性,而是赋能给孩子,让他们认识到自己对事件是具备处理能力和选择权力的,增强孩子的自信和控制力。在进行责任归属时,需要注意当孩子确实没有能力负责、处在可接受的退化阶段、过往创伤等特殊情况时，应谨慎使用，避免造成新的创伤。

（二）认知行为疗法

认知行为疗法（cognitive-behavioral therapy，CBT）最早是由 A.T.Beck 在 20 世纪 60 年代发展出的一种有结构、短程、认知取向的心理治疗方法。它将治疗焦点放在患者不合理的认知信念上，通过改变患者的看法与态度来改善心理问题。

1. **ABC 理论：基本理论模型**　认知行为疗法的基础理论是 ABC 理论。其中 A（activating events）是诱发性事件；B（beliefs）是由 A 引起的信念（对 A 的评价、解释等）；C（emotional and behavioral consequences）是情绪和行为引发的后果。例如，一名学生考试考砸了，一直认为"自己表现得不够好，连自己的父母也不喜欢他"，因此，做什么事都没有信心，很自卑，心情也很不好。其中，"考试考砸了"就是诱发性事件 A，认为"自己表现得不够好，连自己的父母也不喜欢他"就是 A 引起的信念 B，"做什么事都没有信心，很自卑，心情也很不好"就是情绪和行为引发的后果 C。

认知行为疗法认为，人的情绪来自人对所遭遇的事情的信念，而非来自事情本身。正如认知行为疗法的主要代表 A. T. Beck 所说："适应不良的行为与情绪，都源于适应不良的认知"。认知行为疗法认为治疗的目标不仅是

针对行为、情绪这些外在表现，而且会分析患者的思维活动和应付现实的策略，找出错误的认知加以纠正。在刚才的例子中，治疗的策略在帮助他重新构建认知结构，重新评价自己，重建对自己的信心，更改认为自己"不好"的认知。

2. 信念B的类型：治疗的关键

（1）自动思维：遇到事件后，脑中出现的想法称作自动思维。比如做错事情或忘了做某事，感觉一定会被惩罚和遭受指责，此时的想法就是自动思维。自动思维没有好坏之分，只有适应和非适应之分。

（2）非适应部分称为歪曲思维或错误思维。歪曲思维及错误思维包括主观臆测，以"自动思维"的形式出现，即一些错误思想常是在不知不觉、习惯中进行，因而不易被认识到。常见的歪曲思维如下。

1）主观臆想：缺乏根据，主观武断推测。如患者因为出身卑微，便觉得其他人会因此看不起他。

2）乱贴标签：片面地把自己或别人公式化，而忽略其他的特质。例如患者认为自己某件事情做得不完美，便认为自己是白痴、傻瓜，而忽略自己其他方面的才能。

3）非黑即白：患者认为事物非黑即白，不好即坏，无法容忍错误，要求事物十全十美。如一次考试没考好，便认为自己是个失败者。

4）核心信念：核心信念是支持每个自动思维的核心部

分，类似于世界观、价值观等，它们是推动和指导生活的动力。这些信念被人们认定是绝对的真理。

有心理苦恼的人多有负性核心信念，常见负性核心信念包括"我是没有能力的""我不值得被爱""我没有价值"等。在生活中他就会倾向于选择性地注意与负性核心信念有关的信息，即使有积极的信息，他也倾向于消极解释，会持续相信和维护负性核心信念。

这些核心信念平时隐藏在深层，患者使用保护策略遮掩起来，呈现在自己和他人面前的是"有能力的、可爱的"形象。一旦患者在遇到巨大的生活事件时，原有的保护策略被突破，深层的负性核心信念就暴露出来，患者就产生一系列负性自动思维和消极情绪。

3. 对信念 B 的矫正：治疗的技术　认知行为疗法认为治疗要产生效果，必须对信念 B 进行矫正。歪曲认知的调整将带来情绪和行为的改变，症状的减轻和消除。这一过程可采用的技术很多，下面简单介绍 4 种常用技术，分别应对常见的情绪困扰，如焦虑、抑郁、强迫等。

（1）多重环节技术讲解：缓解因自动思维导致的焦虑情绪。多重环节技术是指将整个发展过程划分为若干环节，讨论每个环节发展的可能方向和需要的条件。在这个环节讨论当事人做什么能够让事情按自己期望的方向发展，或者可以做什么来扭转上一个环节带来的不利局面。

首先，把事情发展过程划分为若干环节或阶段，需要

列出具体时间点；其次，讨论每个阶段可能的发展方向和需要具备的条件；最后，讨论如何把握每个阶段机会导向自己所期望的结果。如有的孩子认为只要出门就会患上新型冠状病毒肺炎，从而异常焦虑，甚至不敢出门，也不让家人出门。人被传染的整个过程可以分为若干环节，包括出门、在外逗留、接触病毒、被病毒感染。所以被感染需要满足很多条件，如是否有出门，出门期间有没有戴口罩，病毒在室外存活的时间，病毒能否被免疫力杀死。这一切因素都需要考虑在内。所以只要做好防护，会发现感染的风险其实并不高。当通过多重环节技术的思辨之后，自动思维被打断和修正，其导致焦虑情绪也会随之缓解甚至消失。

（2）评价标准多样化技术：缓解自卑导致的抑郁情绪。任何人、任何事都是由多个方面构成的，在我们比较评价或处理事情时，都需要从多个方面来考虑，而不要仅从单个方面来思考。评价标准多样化技术就要让患者在评价人或事的时候从多个方面对事情进行评价，综合多方面结果得出判断；或者要让患者在完成某件事情的时候，考虑事情或问题的多个方面，做到多方面效果的平衡。例如，当我们评价2首歌，我们可以从词、曲、配器、演唱者等多方面进行比较，而非只进行单个方面比较，当我们要完成一件事情的时候，我们需要照顾质量和进度等多方面要求，而不能只考虑质量而忽视了进度的要求。

评价标准多样化技术的应用包括两个步骤，第一步，确

第三部分　突发应急事件所致儿童青少年心理问题的应对

定多样化的评价标准,即评价人或事情时要有多个方面的标准;第二步,应用这些标准评价多个人或事物。例如,有些自卑的孩子,导致其自卑的原因是每次都用"单一标准"跟别人进行比较,而且每次都与最强的人去比较。比如,成绩跟年级第一名比较,经济条件跟家境富裕的同学比较,身高与校篮球队队员比较,这样比较的结果当然会使人感到自卑。要减轻他的自卑,我们需要同时应用多个标准对多个人进行评价,从而得出更为客观的结论。即成绩、经济条件和身高3个标准同时跟某1个人比较,你可能发现自己虽然成绩不如人家,但是经济条件或身高比人家高。这能够帮助自己更好的认识自己的客观状态,而不要一叶障目。

（3）暴露与仪式行为阻止法：暴露行为是指将患者长时间暴露于令其产生强迫症状的情境中。仪式行为是指患者在暴露行为后易产生仪式行为,如因为担心自己感染新型冠状病毒而反复洗手,一天甚至洗几十次,把手洗到脱皮。本人痛苦不堪,但无法停止。这种反复洗手就是仪式行为。

暴露与仪式行为阻止法的原理就是使患者长时间暴露于令其恐惧的想法和情境中,提供给患者充足的信息,打破原有的错误链接,矫正患者一直持有的负性评价,比如,真的碰到脏东西不洗手也是没关系的。最终促进患者对威胁性刺激形成习惯化,从而降低或消除对原有刺激的负面

情绪。同时，通过逐步的行为阻止，打破原有为了缓解负面情绪而进行的强迫行为模式，形成健康的行为模式。

（4）渐进式放松训练：渐进式放松是最简便却很有效的一项调整技术，是一种逐渐的、有序的、使肌肉先紧张后放松的训练方法。渐进式放松训练比较强调肌肉收缩和放松后的对比，来体验放松感，对因突发应急事件所造成的焦虑、恐惧、紧张情绪的释放及身体放松有着很好的效果。心理工作者在做儿童工作时应先调整自己的情绪状态，根据指导语指导儿童青少年，达到放松的目的。

1）适合成年人、青少年或年龄较大的儿童的渐进式放松训练指导语。

现在选择一个舒适的姿势，微微闭上你的眼睛做腹式呼吸。

吸气时用鼻腔缓缓地把清新的空气吸到你的腹部。呼气时呼出体外。吸气时，你能够体验到含有丰富营养成分的空气营养着你全身所有的器官。呼气时你能够感觉到把紧张焦虑的情绪带出体外。你可以体验到吸气时身体有一种向上漂浮的感觉。呼气时感到身体在下沉、下沉……

随着呼吸你能够体验到你的每一根头发都在放松，头皮下丰富的毛细血管里含有营养成分的血液不断地营养着每一根头发。头皮上有一种温暖舒适的感觉。体验到这种温暖舒适感觉的时候，大脑有一种从来没有过的宁静舒适的感觉。你愿意体验这种宁静舒适的感觉吗？

随着放松，你的上眼皮越来越沉，越来越沉。感觉到上下眼皮

第三部分 突发应急事件所致儿童青少年心理问题的应对

紧紧地粘在一起,你不想睁开,你愿意体验这种闭上眼睛宁静舒适的感觉。好,放松你面部的肌肉,体验到每一块肌肉都在放松。

放松你颈部的肌肉,颈部的肌肉放松的同时,可以感到你的头越来越沉,越来越沉。脖子越来越松软。放松肩膀,肩膀肌肉放松的同时就像卸下了沉重的包袱一样,有一种从来没有过的轻松的感觉。

放松胸部,胸部肌肉放松的同时,你能够体验到每一个肋间肌肉都在放松。每一个肋间肌肉都在放松。放松你的腹部。呼吸对腹部产生的负压使你的胃肠道功能得到了很好的改善,甚至可以听到胃肠蠕动的细小声音。

放松你的大腿、小腿。放松你的大腿、小腿的同时,你会感觉有一种温暖的暖流涌向了你的脚心,脚心有一种微微发热的感觉,脚心发热的时候你的10个脚趾有一种发胀的麻酥酥的感觉。

好,体验这种感觉的同时,放松你的上肢,放松你上肢的同时你能够感觉的有一股温暖的暖流涌到了手心,手心有一种发热的感觉,手心发热的同时你的10个手指有一种发胀的麻酥酥的感觉,很好,当你体验到浑身这种温暖舒适的感觉的时候,你背部的肌肉彻底地放松了,放松了。

好,你继续睡,你不会醒来,你完全在催眠状态当中,你很安全,我的声音会离你越来越远,越来越远,但是你能够听到我所说的每一个字,每一句话。

……

一会儿我会用一种特殊的方法把你叫醒,醒来以后你感觉到一

种轻松、舒适的感觉。

我会从3数到1，我数到1你就会醒来。醒来以后你会感觉到一种轻松，舒适，清新的感觉。3……2……1，醒来。

2）适合年龄较小的儿童的渐进式放松训练指导语。

现在选择一个你觉得舒服的地方、用你觉得舒服的姿势坐下来，自然的深呼吸，现在想象你的两只手里面各握着半颗柠檬，你现在要用尽全身的力气把柠檬里面的汁挤出来，用力，再用力，对，就这样，把里面的汁都挤出来，加油再努力一点，1、2、3，好的，终于都挤出来了，现在放松，体会胳膊和手紧张和放松的差别。

现在想象你是一只小乌龟，你正在一个湖边晒太阳，温暖的阳光照着你的身体，你感到非常放松和舒服。突然，你发现危险来了，你需要快点把你的头缩到你的乌龟壳中，对，就这样，脑袋一点不露、完完全全缩到乌龟壳中，敌人还没走，保持住，对，就这样。1、2、3，现在敌人走了，你可以把脑袋伸出来了。体会你脖子肌肉紧张和放松的差别。

现在想象你是一只懒猫，你要伸个懒腰，你伸懒腰的时候要用你的双臂去够头顶上天花板，还差一点，你要使劲向上伸胳膊，对，就这样，继续，就快够到了，加油，好的，终于够到了，现在你可以放下的你的胳膊了。

现在想象你面前有道篱笆，你想侧身穿过这道篱笆，篱笆很窄，你需要吸气，让自己的腹部变"薄"，再来，还不够，继续吸气，好的，这下可以过去了。

现在想象你的双脚踩在一堆泥潭里面，你想用劲去踩泥巴，使劲，你仿佛听到泥巴从脚趾缝挤出来时发出的声音，你可以再使点劲去用双脚踩脚下的泥巴，这很好玩也很放松，好的，现在停下来，放松。

现在你感觉身体很放松，你今天做得很棒，以后只要你觉得紧张、容易担心时都可以随时停下来像刚才这样做一做，多多练习你会成为一个超级放松者哦。

以上放松内容如果时间允许每一步建议连续做2次，然后再进入下一步。

除了以上介绍的技术，认知行为疗法矫正信念的技术随着发展越来越丰富，产生各类具体技术，如距离化—客体化、应付卡、代价收益、饼图、认知连续体、控方辩方、发散性思维、重建核心信念、建构新信念技术等。

（三）正念疗法

1. **正念疗法的概念** 正念疗法（mindfulness therapy）是有目的有意识地关注、觉察当下的一切，而对当下的一切不作任何判断、任何分析、任何反应，只是单纯地觉察它、注意它。正念冥想被引入心理学研究及应用领域后，在帮助儿童青少年缓解压力、焦虑与抑郁情绪，减少消极情绪体验，提高积极情绪体验，增进儿童青少年的心理健康方面发挥了巨大作用。

2. **正念疗法呼吸练习步骤及指导语**

（1）姿势调整：找到一个舒适的地方坐着或者躺着。

如果是躺着,保持背部与地面接触,面部朝上,双手放在腹部。如果是坐着,让你的头和颈部保持平衡,背部保持直立,双肩放松下垂,整个躯干直而不僵,双脚平放在地板上,双腿不要交叉。这样的姿势,会让你感到一种稳固的支持感。

闭上眼睛进行练习有助于加深注意力的集中。你也可以睁开眼睛进行练习,可以把目光落在前方或者地板上,保持稳定。不需要凝视在某个固定的目标上。

注意事项:我们常会在感到焦虑不安和非常疲倦的时候进行正念疗法,但是我们要知道正念不等于催眠,这个过程中一定要对自己的状态保持觉察,因此,最好不要躺在舒服的被子里,也不要随意窝在沙发上,在确保有稳定的、适中的精神状态时才开始训练,过程中保持姿势的庄严感。

(2)聚焦呼吸:通过留意身体与床或椅子接触的感觉,将注意力从外部世界带回到自己的身体感觉上。将注意力聚焦于呼吸之上,并且觉察呼吸时身体部位相应的感觉,比如你的腹部、鼻腔或其他任何你觉得呼吸时感觉最明显的地方。最好能够在整个练习的过程中,一直让身体的某个部位和呼吸连在一起。如果你开始时注意的是腹部或者鼻腔,那么你可以一直在那个部位感受呼吸的感觉。

不需要去控制自己的呼吸,让它按照自然的节奏和频率,你只需要去感受每一次呼气和吸气的过程。如果你觉得

第三部分　突发应急事件所致儿童青少年心理问题的应对

自己难以进入放松或安静的状态，这是正常的，试着去抛弃任何想要进入某种状态的期待，只是专注于当下的呼吸。

注意事项：在进行正念呼吸训练时，我们可能会经常处于不耐心的状态，因为对我们来说，每天的快节奏生活早已让我们习惯抓紧时间、争分夺秒去完成一些学习任务，或者好不容易有课余时间，想尽可能多地去接触手机或课外书上的各种自己感兴趣的信息。要利用10分钟甚至更久，只是静静地坐在这里"什么都不干""什么信息都不接收"，实在是太为难了。这需要你专注于当下，"什么也不做"的过程可能会让你感到非常难以忍耐，但这是我们都会出现的问题，你不必自责，也不必焦虑。你需要做的就是接纳和感受这份着急，以温和的态度允许它的存在，你会发现，一直以来你似乎将很多关注放到外在的世界中去了，以至这种与自己待在一起的感觉变得如此陌生，让你产生了拒绝。你要知道这种状态绝对不是"什么都没做"，相反，陪伴好自己，与自己待在一起，是"做好一些事"的前提，它会让你的内在更加稳定、更加有力量感。

（3）集中心念：分神是非常正常的现象，如果出现分神的情况，不要怀疑自己做得不对。当你觉察注意力已经不在呼吸上的时候，就去看一下，在那一刻它去了哪里，然后温和地把它放下，把注意力重新带回到当下的呼吸上。

这个过程会不断反复，因为我们的思绪会不断地游离。每一次觉察到注意力离开，就把它拉回到呼吸上。

你也可以借助其他一些方式来帮助自己把注意力重新拉回到呼吸上。比如在呼吸的同时轻轻地数自己呼吸的次数，从 1 数到 10 即可，然后再从 1 开始重新数。如果数到一半走神了，也重新从 1 开始数。

注意事项：在正念疗法的过程中我们并不是要刻意地去追求一种不走神的状态，那我们追求的是什么呢？也许当放下追求和要求的感觉会让你有不同的体验。正念疗法的过程不用刻意追求什么，认真地体验当下的每一个感受，允许它的存在，不去批评它，不去指责自己即可。当代人的生活更倾向于目的取向，做每一件事我们都是为了达到某一目的，而正是这种目的取向的价值观导致我们忽视了过程中的很多东西，让我们变得越来越焦虑，越来越不能专注。正念疗法就是这样一个训练，它能帮助我们回到过程本身，因此也许你进行正念疗法会有自己的目标，比如你要达到稳定、安心、专注于当下的状态，而这样的状态就应当融于你每次进行的正念练习的细节当中，融于你每次对待正念疗法中出现的分心、想法和感受的态度中，简而言之，它并不是结果，而是过程。

（4）结束唤醒：现在你已经完成关注呼吸的练习，轻轻地活动下你的双肩，动一动你的手指，现在可以慢慢地睁开眼睛，这次的练习就到此结束。

3. **正念疗法与生活的结合**　在带领正念团体和自我练习正念疗法的过程中发现，很多时候为了节约时间，可能会"一心二用"地找一些时间来进行正念训练。例如,当我们进行观呼吸的时候一边完成今天要抄写课文的作业,一边放着正念呼吸的音频,因为我们太舍不得时间就这么"浪费",这样的做法本身就很不符合正念的要求。面对想进行正念疗法却又静不下来,觉得浪费时间,总想着自己还没完成的任务,也许可以采用这样的建议:将正念融入任务当中,如正念写作业、正念走路、正念吃饭。以正念吃饭为例,仔细体会每一口饭菜进入口中的感觉、你的手将食物送到口中手臂的感觉、触碰到食物你舌头的感觉、咀嚼的感觉、自己非常想吞咽时的感觉、吞咽食物的感觉……将正念融于你生活当中的每件事情,也许能让你有意想不到的收获。

(四)艺术治疗

艺术治疗是一种结合创造性艺术表达和心理工作者的助人技术方法。心理工作者为经历过突发应急事件造成心理不适的儿童提供一个安全而完善的空间,并与儿童建立互信的治疗关系,儿童可以在治疗关系中,透过艺术媒介,从事视觉心象的创造性艺术,表达内心深处因突发应急事件带来的体验、感受和情绪,进而帮助儿童达到自我了解、调和情绪、改善社会技能、提升行为管理和问题解决能力的目的,促进自我转变与成长、人格及潜能发展。艺术治疗不同于其他教育方式,它可让突发应急事件中受创伤的

突发应急事件儿童青少年心理问题识别及应对

人们说出失落的故事,以及表达哀伤的感受。在悲伤的过程中,能将这些内在的情绪经验表达出来,进而将这些经验转化为积极向上的力量和意念,因此艺术治疗在临床上得到了广泛应用。其中,比较常见的艺术治疗有绘画治疗、音乐治疗、沙盘游戏和阅读治疗。

1. **绘画治疗** 绘画疗法而言,它在治疗突发事件对儿童造成的心理创伤具有简便易行的优势,给孩子一支画笔和一张白纸,让他们在上面作画即可。年龄偏小的儿童虽然无法用言语将自己的情绪和心理感受表达出来,但可以通过绘画、涂鸦表现出来,笔下会流露出他们所经历的创伤事件或一些过去压抑记忆的表象与象征。

心理工作者在与儿童工作时,可以根据孩子的年龄来制定绘画的形式,不作任何限定的涂鸦,可以给他们一些小主题,如疫情发生时,我家发生了什么事。或者用绘画的方式编故事,引导患者表达体验、感受和情绪等。

绘画治疗中的注意事项:①治疗时间需要遵循设置,按照约定的时间一周一次或一周多次,这样可以给孩子内心带来安全感。②对待儿童的画时,不评价画作的美丑好坏,不分析画作内容,只描述在画作上所能看到的。③在儿童创造画作过程中不打断、不指导。

2. **音乐治疗** 音乐治疗就是运用一切音乐活动的各种形式,包括听、唱、演奏、律动等手段进行刺激与催眠,并通过声音激发身体反应,缓解或整合身心体验感受,从而达到心理修复。

虽然大多数儿童都有与生俱来的"韧性",但在突发应急事件带来的恐慌、焦虑等情绪及创伤,需要严格遵循心理学和艺术治疗的专业原则,针对儿童的文化特点、家族背景、年龄阶段,因人而异地调整为多元化治疗方案。实施方式也可以多元化,选择合适的音乐听、唱、一边唱一边扭动身体或跳舞,或者运用乐器演奏乐曲。儿童与青少年音乐治疗尽量选择小调为主,偏民谣类型,乐曲以单音为主配简单和弦,尽量避免协奏曲、交响曲、奏鸣曲等风格。

音乐治疗的注意事项:①音乐治疗中选择音乐是从轻柔音乐逐渐过渡到中度到重度,播放时音量也是随着治疗进度从低到高。②在音乐治疗过程中时,应更重视听音乐或创造音乐时的体验、感受及联想。

3. 沙盘游戏 沙盘游戏在日本被称为"箱庭疗法",是一种通过深层心理来促进人格变化的心理治疗,目前在世界上有着广泛影响,特别在儿童的心理治疗。此疗法是由 Dora Calf 开发的。它主要基于荣格的分析心理学、东方哲学和文化及卡尔夫、洛温菲尔德的综合思维。它以人本主义理论作为治疗的前提,认为每个人的灵魂都是具有"自愈力"的,并综合了精神分析、人本主义、认知行为等多种心理理论。经过三代学者的努力,沙盘游戏的发展与运用已发展成熟。

沙盘游戏以其独特的非语言方式,将心理治疗融入

突发应急事件儿童青少年心理问题识别及应对

象征性游戏中,是心理工作者与儿童之间良好的交流媒介。在玩沙盘游戏的过程中,孩子们用各种形象的玩具模型,在一个装满细沙的沙盘中,建立一个与个人内心状态相对应的沙盘世界。这样不仅可以帮助心理工作者了解和把握儿童的问题,也可以逐渐将儿童的无意识和意识融合在一起。因此,沙盘游戏在儿童心理治疗中具有独特的优势。

对于受疫情影响的儿童,沙盘游戏的适用性如何体现呢?疫情容易带给儿童不稳定、不安全的感觉。沙盘游戏具有保护理念,在沙盘的作品、设置中均有所体现。每位合格的心理工作者都应具备包容、抱持的态度。疫情使儿童的"探索""好奇"受挫,沙盘游戏的另一治疗理念是自由,这能让儿童的"探索""好奇"充分发挥并激活自性动力。让儿童受疫情影响的情绪在沙盘游戏中能自由表达是非常关键的,如愤怒、恐惧、焦虑等情绪的表达。

心理工作者在运用沙盘游戏开展对儿童的干预时,应当具有以下素质:①习得荣格心理分析理论。②治疗过程中保持安全、自由与保护的理念与态度。③重视共情的疗愈作用。

随着沙盘游戏在儿童的心理治疗中广泛运用,并愈加证明其疗效。

4. 阅读疗法 阅读疗法是指心理工作者和因突发应急事件中受到情绪困扰或创伤的儿童共同商量选择图文并茂、

形象生动的绘本，或者根据具体事件共同制作有关突发事件的绘本或阅读读物，并运用倾听、讨论等方式，引导儿童说出阅读后的感受及在制作绘本中理解突发事件并找到相应解决办法，可以有效地调整心理、矫正认知。此方法也适合家长使用。

心理干预者可以结合阅读图文或自己制作的绘本，根据心理现象的3个阶段，让孩子感觉被理解，并能开始思考问题的解决路径，寻找到适合自己修复能力。第一阶段是"认同"，引导儿童将绘本中的任务和自己生活经验联系起来，理解自己现阶段的感受体验。第二阶段是"净化"，可以和孩子一起帮助故事中的人物表达感受，释放自己的情绪。第三阶段是"领悟"，故事中的主人翁如何走出困境或打败敌人的经历，让孩子可以理解自己的情绪问题，从而寻找到解决方法处理自己所遭遇的问题。

推荐有治愈的绘本：《暴风雨》《奶奶的红披风》《女孩和影子》《漂流瓶送信人》等。

（五）躯体运动式治疗

躯体运动式治疗包括舞动疗法与集中式运动疗法。

1. **舞动疗法** 舞动疗法是一种非语言的沟通方式，是由训练有素的带领者有意识地、有目的地将其用于有节奏性动作和身体运动的治疗，以达到释放张力、表达情感，并达到个体与社会融合的治疗目的，常被运用于成长和治

疗结构型项目中。如今,美国舞动疗法协会将舞动疗法定义为使用运动来促进个人的情感、社会、认知和生理融合的心理疗法。其中,舞动疗法的重点是治疗关系中存在的动作行为。

在舞动疗法的实践中,心理工作者通过身体和情绪的共鸣激活参与者的镜像神经元,参与者能够从他们能感觉到的身体经验中提取心理经验,以达到与参与者有心理共振频率,并建立共鸣与连接。社会心理学中的镜像自我是指他人作为镜像的自我感知和自我评价。个人自我概念的来源不是他人实际的评价,而是他们如何"思考"他人的评价。在舞动疗法中,则通过引导参与者来改变这种现象。

而在社会心理学中有一系列基于身体的动作研究,其中最突出的是社会具身。具身是指当社交互动和社会信息处理起主要作用时所发生的身体状态,例如姿势、面部表情等。

另外情感、认知与运动、行为的双向社会心理学研究发现:一方面,情感和认知会导致某些运动行为(身体水平的表达)。另一方面,某些运动、行为也会导致某些情感和认知。例如,当一个人沮丧时,他(她)就弯腰了。当一个人做抬高嘴角和抬高胸部等姿势时,人体会通过大脑神经元使人体产生并感受到高兴的情绪。舞蹈疗法接受这种观点,并通过体验、创造、练习积极和开放的动作来实现纠正消极认知的功能。

第三部分　突发应急事件所致儿童青少年心理问题的应对

除此之外，动作隐喻指动作或姿势的表征。如果心情不佳，则身体的形状会变形。例如，有些人屏住呼吸，限制身体的使用，断开身体部位的感觉性连接，并阻断罪恶感、攻击性和其他感觉。舞蹈疗法的创始人切斯认为，舞蹈疗法的要素（时间、力量和流动）具有治疗功能。实际上，真正重要的不是动作本身，而是帮助个人理解自己，并允许他（她）体验身体变化，激发能量，改善控制和运动，以及探索新方式的身体行为。

本该灵动、好奇、活泼的儿童因疫情原因被限制在有限的空间里，身体的力量、流动、时间的发展都受到不同程度的阻碍，往往容易引起消极情绪或认知，还会造成局限感和束缚感。针对这个情况，舞动疗法的原理、特点、循证疗效都显示非常适合以上情况。舞动疗法既能宣泄情绪，又能获得空间、身体和心理的扩展感、舒展感。

2. 集中式运动疗法　集中式运动疗法发源于德国，是目前广泛运用于德国精神卫生服务机构及综合性医院心身医学病房中的一种实用的心理治疗方法。集中式运动疗法是一种以身体为导向的心理治疗方法。这种疗法将身体的运动和感知作为经验的基础，将即时感官体验与精神分析治疗相结合，是基于心理发展理论、精神分析理论与学习理论的思想模型。在治疗中，儿童在心理工作者的指导下在身体运动的过程中关注自我感知，使与身体相关的记忆（情绪记忆）重新激活，从而帮助他们体察到自己的态度和情绪并在日常生活中利用身体表达的过程。

集中式运动疗法的目标包括：建立对身体感觉的认知；发展识别自己情绪状态的能力；发展处理内部和外部冲突的功能；明确人际关系中相互冲突的情绪体验，探索不同行为下的内省体验。集中式运动疗法没有严格的治疗步骤，常根据儿童的情况实时调整治疗进度。根据 Helmut Stolze 提出的 2 种控制回路理论，治疗过程可以分为"运动-感知"环节和"思维-沟通"环节。

"运动-知觉"环节集中的运动治疗始于引导儿童进行运动锻炼。在这个过程中，心理工作者需要仔细观察和评估儿童的身体姿势、语言和情绪状态。这些条件是关键因素，使儿童在治疗期间充分体验自身。例如，心理工作者可以引导儿童感知空间，帮助他们以适合自己的方式关注自己的感受，可以有多种方式，如团队成员同时伸出手臂；或者用脚沿着边线触摸边界，在有限的空间里探索和感受物理约束。通过儿童人格中的健康部分作为治疗的一个元素，并寻找儿童其他的可能性，以激活心理层面中的积极资源。儿童对自身和外界的深刻感知，可以增强自我功能，激发心理发展潜力。因此，心理工作者应该在治疗过程中支持儿童，促进儿童解决问题的动机，并制定有针对性的治疗方案。儿童人格中健康的部分应该作为一个重要的治疗元素来使用，心理工作者应该专注于寻找儿童人格中可将其转化为治疗资源的各种可能性。然而，应该注意的是，儿童有权选择接受、拒绝或改变心理工作者指导的动作和治疗过程中的体验。在身体运动和感知的过程中，不进行任何语言交流，使儿童能够完全集中于体验。儿童体验的实践完成后，下一步将进行，即心理工作者与儿童在体验层面进行交流与分享。

在完成"运动-知觉"环节后，在心理工作者的引导下，让儿童通过符号化和语言化的工作，促进了"思维-交流"的分离和个性化的过程。因此，集中式运动治疗的另一个重要方面是互动，即组成员心理工作者与儿童之间的互动和影响。通过与他人的语言交流，可以明确地感知儿童与过去不同的体验，也可以提出阻碍心理发展的问题。这个过程可以分享物理经验的过程，也可以分享过去的生活经验。心理工作者应接收到反馈时结合理论，对于信息在意识和潜意识层面进行解释分析。通过"思维-交流"环节，在进一步的处理中很可能会出现新的主题，比如使儿童能够在固有模式的基础上尝试新的行为，逐步发展儿童的心理功能，充分发挥儿童的好奇心、探索欲。心理工作者应运用示范功能，在象征性的过程，使儿童学习新的经验和行为模式，并自由地实现他们的创造潜力。通过加深儿童对自我和客体的感知，促进儿童的无意识记忆进入意识层面。当儿童尝试新的方式，获得新的体验并掌握改变自己的自主权时，便会逐渐表现出选择和决定新行为的能力。

（六）人际心理治疗

在疫情期间，不能随意外出，更多的联系只能在网络上维持。并且每天见到的人更多的是家人，所以很多原生家庭所建立的早期人际互动模式被不断重演，其僵化、重复就很可能将该模式的弊端放大，以至于被意识或形成症状。或者会出现因为联系减少，互动模式变少，在有限的空间里容易产生孤独感、链接断裂感或关系不稳定感。针对人际关系的问题，编者推荐人际心理治疗。

人际心理治疗又称为人际关系心理治疗和人际互动心理治疗，是克莱曼及其同事在20世纪70年代开发的，起初用于重症抑郁症的急性期。随后经过40余年的发展，人际心理治疗已经被应用到多种心理疾病的治疗中，其治疗原理、过程和技能逐渐成熟，并且其疗效已被国内外大量研究证实。

人际心理治疗的过程分为3个阶段：治疗初期主要是收集信息，做出诊断，并简要介绍人际心理治疗的概况；治疗中期是治疗的主要阶段，重点解决4个人际问题；治疗后期是回顾治疗过程，巩固治疗，准备结束治疗。

初期治疗通常为第1~3次的治疗。人际心理治疗的主要任务是诊断和评估症状，再通过相关量表进行诊断。结合谈话和收集的信息建立人际关系量表，了解来访者在人际关系中的亲密度、信任、期望和人际功能障碍模式等。

第三部分 突发应急事件所致儿童青少年心理问题的应对

随后,向来访者简要介绍治疗。另外,有必要与来访者建立良好的治疗关系,并给予来访者积极的支持、耐心的解释及唤醒希望。可以鼓励来访者进行更多的互动,并在治疗过程中进行人际交流的机会。

中期治疗通常为第4~12次治疗阶段,是人际心理治疗的核心阶段,主要关注悲伤、人际冲突、角色转换、人际关系缺陷4个方面的问题。①悲伤是一种复杂的、无法解脱的情感,通常是由重要人物(如家庭成员、朋友等)的死亡。治疗师需要确定患者是否失去了重要的人,如果失去了,什么时候失去的,在什么情况下失去的,患者当时的反应如何。如果患者当时没有悲伤的反应,可以判断当前的症状可能是其反应的一种特殊形式,应该鼓励患者发泄自己的情绪。同样重要的是,要理解这种损失对患者意味着什么。治疗师还应该帮助患者接受这种失落的痛苦感受,并建立新的支持和关系来补充患者的需求。②人际冲突是患者与重要他人(如父母、教师、好朋友、同学等)之间的冲突。一方面,患者与重要他人对沟通情况往往有着不同的期待;另一方面,在人际冲突中,患者的沟通模式一般较差,不能有效地向他人表达自己的需求和情感。也不能激励他人对自己做出有效的回应,最终他们自己的依恋需求无法得到满足。因此,治疗师首先应帮助患者确认冲突的存在,了解人际关系之间的冲突,以及人际关系冲突与症状之间的关系,然后利用资源鼓励患者调整非适应性

沟通，或者重新评估对人际关系的期望，或两者兼备。此外，治疗师还应帮助患者消除因人际冲突而产生的内疚感，增强自信心，建立积极的人际关系。③角色变化通常发生在患者无法应对生活中的变化时，如地理位置或文化环境的变化、职业生涯的变化、亲密关系的开始或结束、疾病等。这些变化会让患者产生失落感，而这种失落感与抑郁密切相关。首先，让患者意识到角色转换的事实及与症状的联系。其次，帮助患者了解角色的变化有积极的意义，也有消极的意义，这样他们才能更好地适应新的关系。然后，找到原来角色丧失的原因，探索角色改变的积极方面，使其放弃原来的角色，并寻求新的依恋和支持。④人际关系缺陷是指患者的社会关系已经枯竭、不充分或无法维持有效的人际关系。患者通常有严重的人格问题，很少有亲密和支持的关系。治疗师可以向患者解释他们的性格特征，找出在当前和过去的人际关系中起作用的特殊的人际关系缺陷，然后回顾挫折的过程，探索他们在人际关系中的不良行为。考虑什么样的人际关系缺陷需要改变，并鼓励这些改变来建立新的社会关系和行为模式。最后，帮助他们改善社会支持网络，学习社会技能，包括在治疗室外锻炼。

治疗晚期通常为治疗的第13~16次，症状一般得到缓解。这个阶段包括讨论治疗如何结束，以及回顾治疗的进展和取得的结果，并展望未来。治疗师应妥善处理治疗结束后出现的丢失、角色转换等问题，探讨疾病未来复发的可能性及对策。这不仅可以巩固疗效,提高患者的自信心,使患者感到能够控制自己的情绪,处理好人际关系。还可以使患者意识到潜在的病灶和复发的可能性,以及他们的个性是易受伤害等的特点。对于需要持续治疗的患者,可建议每月治疗1次,持续治疗6个月至1年,以防止症状复发。

(七)延迟暴露疗法

延迟暴露疗法是让引发焦虑、恐慌的情境,通过由想象到现实,实行循序渐进地逐级暴露。当患者处在引发焦虑的情境中时,持续感到紧张、心跳加快、呼吸困难,直到程度无法承受时,指导他进行全身放松。等他逐渐放松至能承受范围时,再重复上述过程,从而增强焦虑的耐受性,最终适应的一类治疗方法。在行为的训练过程中,促进患者对突发应急事件引发的潜在错误认知进行修正。

1. 延迟暴露疗法的步骤

(1)筛选治疗对象:在实施延迟暴露疗法时,应要求被治疗者进行体检,排除器质性疾病,患有心脏病或严重呼吸道困难等身体疾病的患者不适合这类治疗方法。

(2)签订治疗协议:在实施暴露治疗前,应给被治疗者和其监护人做好心理教育工作,让他们知道在突发应激事件发生后出现焦虑、恐慌情绪和痛苦体验是一种正常反应,有效的治疗方法可以帮助他们减轻症状。这种心理教育工作在治疗过程中的每个阶段都要不断重复进行。

还应给被治疗者或监护人讲解治疗原理,并告知在实施延迟暴露治疗中会出现强烈的心跳加快、呼吸急促甚至是晕厥等躯体化反应,也会有强烈的紧张、焦虑、恐慌等情绪体验出现,经被治疗者和监护人同意后,签订协议,才能实施该治疗方法。

(3)实施延迟暴露疗法前的相关准备:在实施延迟暴露疗法之前应搜集会引发恐惧、焦虑的真实场景,然后与患者商定暴露情境的等级,以感染新冠疫情患者为例设置等级。①出现咳嗽、发热症状时。②在医院检查后等待结果时。③核酸检测结果呈阴性。④在医院隔离治疗第一天。⑤在医院隔离治疗10天。

以上等级仅作参考,具体实施时须与患者共同商量并确定好等级。等级确定好之后,指导患者学习呼吸放松方法,直到其可自行使用。

呼吸放松步骤:①吸气。缓慢并深深地按"1—2—3—4"吸气,约4秒钟使空气充满胸部。呼吸应均匀、舒适而有节奏。②抑制呼吸。吸入空气后稍加停顿。感到轻松、舒适、不憋气。③呼气。要自然而然地、慢慢地把肺底的空气呼出来。此时,肩膀、胸,直至膈肌等都感到轻松舒适。在呼吸时还要想象着将紧张情绪慢慢驱除出来。注意放松的节拍和速度。

(4)根据暴露情境等级实施暴露的步骤。

1)首先在进行逐级暴露时,心理工作者可以营造一个

第三部分　突发应急事件所致儿童青少年心理问题的应对

对患者来说相对安全的治疗环境，并让其自行寻找一个舒服的姿势和位置进行治疗。

2）再让其逐渐按照暴露等级循序渐进地向恐怖情景暴露他（她）自己，当感觉到强烈的情绪及躯体反应超出自己所能承受的范围时，主动停止暴露。

3）然后按照先前学习的呼吸放松的方法放松，直到身体恢复至放松状态再尝试暴露。

当体验这些情境以达到习惯化后，让被治疗者意识到突出应急事件所引发的症状和痛苦体验是自己有办法可以缓解。也坚信再次出现同样的事件后，自己能很好地面对和调控自己情绪和状态。

2. 实施延迟暴露疗法的注意事项

（1）帮助患者树立治疗的信心，要求患者积极配合、坚持治疗。

（2）在引起焦虑的刺激出现或者存在时，要求患者不出现回避行为或意向，这一环节对治疗至关重要。

（3）每次治疗后，要与患者进行讨论，对正确的行为加以赞扬，以强化患者的适应性行为。

结语：突发应急事件作为一个影响力巨大、社会性、生物性的打击，相应也会给很多人带来心理上的打击。心理工作者为人类的心灵疗愈、康复做出许多贡献。很多时候或许不能大张旗鼓地宣传（因为保密原则、咨询师的自我修养），也不容易被看到（心理看不见摸不着），但我们默默地奉献和工作，感受着面前的个体正开出内心自在与健康之花，相信这会是带给我们心理工作者最好的反馈和礼物。当然，也希望各位同行，心理工作者们能够继续深入学习，坚守职业伦理和治疗设置，一起加油。

五、相关药物使用问题

突发应急事件具有突发性和不可预测性，可能导致儿童青少年心理健康状况受损。一般情况下，症状较轻者仅表现出轻微抑郁、焦虑、疑病、失眠等症状。少数情况下，强烈的应激作用于易感的个体导致个体罹患适应障碍、急性应激障碍（ASD）及创伤后应激障碍（PTSD）。对于心理问题干预方式包括生物、心理、社会3个方面，干预的主要目的是缓解核心症状、减轻应激反应、减少患者的无助感、降低功能损害，最终提高生活质量。

（一）药物治疗

以下根据症状严重程度及不同年龄的用药特点对生物学治疗进行简单介绍，供大家参考。

症状轻微者，如仅表现出轻微抑郁、焦虑、疑病、失眠等症状，通过心理治疗、家长的安慰与陪伴、同学和教师的关怀及其他社会支持等方面帮助和支持，安排好生活节律，

第三部分 突发应急事件所致儿童青少年心理问题的应对

去除应激源,大部分患儿不需要用药,症状可能得到缓解。

症状达到适应障碍或创伤后应激障碍诊断,抑郁、焦虑、失眠症状严重程度达到中等,经心理治疗6~9周后改善不佳者,可以根据年龄、功能损害及风险评估情况,决定是否在心理治疗的同时合用药物治疗。一般药物使用的原则是对症治疗,如针对焦虑、抑郁、强迫、恐惧症状。使用抗焦虑药,如苯二氮䓬类改善焦虑、恐惧;使用抗抑郁药,如选择性5-羟色胺再摄取抑制剂改善抑郁、强迫症状。<7岁的学龄前期儿童以心理治疗为主,不使用药物治疗。目前为止所有的抗抑郁药及抗焦虑药在学龄前儿童均没有适应证。学龄儿童(7~13岁)原则上也以心理治疗为主,如果确需要用药时,因该年龄有适应证的药物有限,且儿童对药物的耐受性较差,易发生不良反应,在使用药物时应从小剂量开始,缓慢加量。青少年(13岁以上)用药接近成年人,但有适应证的药较少。苯二氮䓬类药物有成瘾性、停药易出现症状反弹,对于儿童应短期使用,不推荐作为常规药物使用。

症状严重者,如PTSD出现严重持续回避、持续警觉性增高,或者急性应激障碍症状以精神运动性迟滞或激越为主要表现等,严重影响生活,建议在心理治疗的同时可合并药物治疗,尽快改善症状。学龄前期儿童(7岁以前)当睡眠极度糟糕、经非药物治疗后不能改善时,可以给予极小剂量的安眠药(比如阿普唑仑0.1 mg睡前服用)短期使用。这种极端的状况极其少见，一般情况下多运动、积极寻找失眠的原因、心理治疗等可以改善失眠的症状；学龄期儿童（7~13岁）、青少年（13岁以上）可使用抗抑郁药物，如选择性5-羟色胺再摄取抑制剂改善抑郁症状；可使用抗焦虑药物主要是苯二氮䓬类，如劳拉西泮和氯硝西泮能显著地缓解焦虑症状，降低警觉程度、抑制记忆的再现过程而短期用于控制症状。可用非典型抗精神病药如利培酮、帕利哌酮、阿立哌唑、喹硫平、奥氮平等，改善精神运动性迟滞或激越为主的精神病性症状。但抗精神病药一般不作为治疗的常规药物，使用时需要在有临床经验的精神科医师指导下使用。

在药物治疗突发应急事件对儿童青少年心理问题中，抗抑郁药物是目前研究最多的。抗抑郁药物如选择性5-羟色胺再摄取抑制剂类（如氟西汀、舍曲林、氟伏沙明、艾司西酞普兰等）疗效和安全性较好，还能提高患儿的生活质量，不良反应少，被推荐为一线用药。

（二）用药注意事项

在使用抗抑郁药物时需要注意以下方面。

1. 药物只能由精神科医师开具处方，最好由儿童精神科医师开具处方。

2. 对于药物超适应证（off-label）使用时，精神科医师有责任告知监护人药物治疗的安全性和耐受性，以及潜在的药物不良风险，并签署知情同意书。充分取得监护人的合作并参与整个治疗过程。

3. 充分考虑儿童年龄及药物对发育的潜在影响，用药应尽可能从小剂量开始，加量应缓慢。

4. 应定期检查儿童的生命体征、监测身高和体重及进行神经系统检查，定期复查心电图、查血药浓度及其他实验室检查。

5. 对药物治疗过程可能出现的常见不良反应如引起激越、烦躁不安、头痛、乏力、失眠、恶心、呕吐、食欲缺乏、腹泻、便秘等，提前向患儿及家属做好告知，降低对不良反应的担心，提高治疗的依从性。

（三）FDA 对常用选择性 5- 羟色胺再摄取抑制剂的用药建议

美国食品药品监督管理局（FDA）对常用的选择性 5-羟色胺再摄取抑制剂类药物提供以下用药剂量方面的建议。

1. 氟西汀　已被美国 FDA 批准用于治疗 8～17 岁儿童抑郁症和 7～17 岁儿童强迫症。

剂量与用法：学龄儿童的初始剂量常为 5～10 mg/d，年龄更小的儿童则从 2.5 mg/d 开始。氟西汀的半衰期长，应缓慢加量（每周或每 2 周加 1 次）。起效时间一般需要 2～3 周，可根据症状适当调整剂量。国外推荐儿童剂量为 0.3～0.9 mg/（kg·d）。青少年患者常需要使用成年人剂量，但儿童的剂量应略低。服用氟西汀的儿童可能抑制其生长，

长期效应尚未明确。

2. 舍曲林　已被FDA批准用于治疗6岁以上儿童强迫症。

剂量与用法：儿童治疗初始剂量为12.5～25 mg/d，起效时间一般需要1～2周，以后根据症状增加剂量。国外推荐儿童剂量为1.5～3.0 mg/（kg·d）。6～12岁儿童的起始剂量是25 mg/d，13岁或以上者可使用成人剂量。儿童患者对舍曲林的代谢较快，为了避免产生过高的血药浓度，对儿童强迫症患者建议使用较低剂量，尤其是6～12岁体重较轻的儿童。

3. 氟伏沙明　已被FDA批准用于8～17岁儿童和青少年强迫障碍的治疗。

剂量与用法：对8～17岁患者，治疗初始剂量通常为12.5～25 mg/d，睡前服，然后每4～7天增加25 mg/d。以后根据症状增加剂量，最高剂量为200 mg/d。日剂量超过50 mg时应分次服用，睡前剂量可比白天剂量更大些。国外推荐儿童剂量为1.0～4.5 mg/（kg·d）。

4. 艾司西酞普兰　已被FDA批准用于12～17岁青少年重症抑郁障碍。

剂量与用法：青少年治疗的初始剂量为5～10 mg/d，根据需要可增至20 mg/d，每天早上服用。

小结：儿童青少年因为自身发展的限制，面对急性应急事件时，相对于成年人其身心健康更容易受影响，一是主动

第三部分　突发应急事件所致儿童青少年心理问题的应对

求助和自助的能力非常有限，往往是在出现明显的行为和情绪问题时才会引起关注，而这时可能已错过最佳干预时机，所以儿童青少年心理健康发展和心理问题干预对环境提出了更高的要求，父母或其他抚育者需要及时识别常见的心理问题，此类心理健康问题往往会因他们的发育阶段不同而呈现不同的表现形式，因而对这些问题的识别存在一定的困难。家长和教师通过心理社团活动、心理测试和制作心理档案的形式识别孩子们的心理健康问题，也可以引导孩子们来进行自助，比如学习和认识情绪是怎么产生的，进而理解情绪的保护性作用，接纳情绪。可以通过放松法、稳定化技术、健康规律的日常作息及学习自我情绪疏导的方法让孩子帮助自己保持心理平衡。本章节也介绍了家长、教师、同伴和社区的帮助方法，列举了心理工作者的常用干预方法，如游戏治疗、认知行为疗法、正念疗法、艺术治疗、躯体运动式治疗、舞动疗法与集中式运动疗法、人际心理治疗及延迟暴露疗法的基本概念、操作步骤和注意事项。对于症状达到适应障碍或创伤后应激障碍诊断，抑郁、焦虑、失眠症状严重程度中等，经心理治疗6~9周改善不佳者，可以根据年龄、功能损害及风险评估情况，决定是否在心理治疗的同时合用药物治疗。对药物使用相关问题也进行了阐述。

（卢雅君　李韧娇　武凯歌　郑琼娟　刘　芳　周晓璇　邓　叶　杨醉文　肖帅军　罗　婷　周君玉）

参 考 文 献

[1] 石川，钱英，李雪．新冠肺炎流行期心理自助方法详解．中国心理卫生杂志，2020，34（3）：286-295．

[2] 马翠，严兴科．新型冠状病毒肺炎疫情的心理应激反应和防控策略研究进展．吉林大学学报（医学版），2020，46（3）：649-654．

[3] 王昕，陈亮，张洁，等．父母支持与青少年焦虑情绪的关系：同伴侵害的中介效应．青少年学刊，2019（6）：3-7．

[4] 周海丽，高林海．网络游戏对青少年心理发展的积极影响．中国管理信息化，2017，20（16）：209-210．

[5] 李育霖．友谊质量、同伴接纳与儿童孤独感的研究．西安：西安体育学院，2018．

[6] 胡君梅．正念减压自学全书．北京：中国轻工业出版社，2019．

[7] 徐培晨．儿童灾后心理创伤治疗的艺术支持方法——以绘画疗法为核心．艺术百家，2010，26（z2）：258-260．

[8] 陈灿锐，周党伟，高艳红．曼陀罗绘画改善情绪的效果及机制．中国临床心理学杂志，2013，21（1）：162-164．

[9] 陈灿锐，高艳红，郑琛．曼陀罗绘画心理治疗的理论及应用．医学与哲学，2013，34（19）：19-23．

[10] [美] B. A. TURNER．陈莹，姚晓东，译．沙盘游戏疗法手册．北京：中国轻工业出版社，2016．

[11] 程双双．沙盘疗法对小学生问题行为的干预研究．武汉：华中师范大学硕士学位论文，2017．

[12] 申荷永，高岚．沙盘游戏：理论与实践．广州：广东教育出版社，2004．

[13] 崔凌洁．阅读治疗儿童心理创伤的文献分析和实践探讨．四川大学图书馆，2018，1（6）：80-82．

[14] 米克姆斯著，椰岗山译．舞动治疗．北京：中国轻工业出版社，2009：

第三部分　突发应急事件所致儿童青少年心理问题的应对

25-139.

［15］陈华，张晶璟，诸顺红，等．舞动治疗在精神康复中的运用探索．健康教育与健康促进，2017，12（5）：427-430.

［16］许海燕，黄希庭．人际心理治疗的发展．心理科学进展，2007，15（6）：923-929.

［17］周观兵，傅凌海．人际心理治疗在大学生抑郁情绪中的应用．重庆教育学院学报，2011，24（1）：148-150.

［18］刘艺．论延迟暴露疗法与系统脱敏法的异同．牡丹江教育学院学报．期刊，2015，8：135-136.

［19］肖英霞、李霞．暴露和叙事疗法在创伤后应激障碍心理干预中的应用与比较．中国健康心理学杂志，2017，25（12）：1917-1920.

［20］朱艳丽，赵山明．少年教养人员人格类型及其与自尊、成就动机、应对方式的调查．中国组织工程研究与临床康复，2007，11（17）：3306-3309.

［21］刘永华．青少年情绪发展特点及研究热点．开封教育学院学报，2017，37（6）：178-179.

［22］杨丽珠．中国儿童青少年人格发展与培养研究三十年．心理发展与教育，2015，31（1）：9-14.

［23］周梅花．青少年情绪、情感与社会性研究．青少年研究，2005，2：42-44.

［24］李雪荣，苏林雁．儿童精神病学．长沙：湖南科学技术出版社，2014.

［25］庞焯月，席居哲，左志宏．儿童青少年创伤后应激障碍（PTSD）治疗的研究热点——基于美国文献的知识图谱分析．心理科学进展，2017，25（7）：1182-1196.

［26］池迎春，廖成静，马慧军．儿童创伤后应激障碍的诊疗新进展．中国美容医学，2011，20（6）：1023-1026.

［27］李凌江，于欣．创伤后应激障碍防治指南．北京：人民卫生出版社，2010.

第四部分

常见儿童青少年心理问题的案例分析

案例一　5 岁淘淘的故事（游戏治疗）

　　游戏治疗的特质决定了它适用于应急事件发生给孩子带来的各类问题和创伤，我们使用游戏治疗时可以不拘泥于一种模式，而是灵活将数种不同技术整合成更有效的综合技术，通过发生在 5 岁小朋友淘淘身上的故事，我们可以更清晰地看到游戏治疗是如何发挥它神奇的作用，让孩子重获快乐的。

　　淘淘是个非常活泼的孩子，他不畏生，喜欢和身边的人嬉戏打闹。幼儿园的环境是自由轻松的，然而一场手足口病的突然暴发却让身处其中的淘淘感到了明显的不适，一时间内患病感染的孩子数量不断增加，为了避免传染，家人不得不请假让淘淘在家里休息一段时间。然而一向开朗的孩子却开始出现一些情绪问题，最初只是偶尔哭闹，

第四部分 常见儿童青少年心理问题的案例分析

抱着妈妈说害怕自己会生病、自己不要打针吃药,此时妈妈会尽量安抚孩子的情绪,然而随着时间增长,淘淘的情况非但没有消退,反而越演越烈,他的行为管理失控变得没有边界感,注意力也变得不太集中,练习生字描红的时候如果没有监督常常只能坚持几分钟就会放弃,情绪波动很大,难以自控,有时候因为一些很小的事情没有如愿就会大发脾气、哭闹不止,严重时甚至会抓住妈妈不放,不断的询问妈妈自己会不会生病,生病了会不会死掉等问题,妈妈无法解决,于是找到了医院的心理治疗师寻求帮助。

通过初始评估与观察,治疗师发现淘淘在与外界接触的过程中,存在一些社交技能问题,对他人的情绪变化不敏感,情绪兴奋后难以控制,有时会出现歇斯底里的亢奋状态。而且疫情的出现明显给孩子带来了极大的心理压力,对于未知和死亡的恐惧刺激着他,导致孩子情绪极易激惹,攻击性强,生活中些许挫败、压力或者负性评价,都能引发他的攻击行为或冲动行为,会在言语上攻击他人,严重时会有肢体冲突。

鉴于淘淘的年龄和状态,治疗师在治疗中采用了指导型与非指导型游戏治疗相结合的方式进行治疗,目前为止已完成10次的治疗。

第一次,采用以儿童为中心的游戏治疗形式,治疗师在一旁以观察者的身份关注并反馈孩子在游戏中的一举一动。淘淘在治疗室里显得非常活跃,他将所有的玩具都拿出来把玩一遍，整个过程中注意力随时都存在被其他玩具分散的情况。不仅自己对玩具感觉新奇，淘淘还会想要治疗师一起加入游戏，然而，当游戏时间结束，要离开治疗室时，淘淘情绪变得不太稳定，一直试图延长待在治疗室的时间，在离开之后又折返回来，试图强行打开治疗室的门。

从淘淘的表现能看出来，他对于治疗环境与关系其实存在着一定的试探性，对于治疗师的存在他有明显的好奇，但似乎不知道使用什么方法来进行交流，同时他也表现出对于分离和丧失的焦虑，以及边界感较模糊。

第二次和第三次，淘淘选择了沙盘游戏，最初孩子在沙盘中呈现出不断发生的攻击、冲突、毁灭的主题，比如将漂亮的石头或玻璃命名为宝物，这些宝物分布在沙漠中等待着被人挖掘，但突然出现了超级无敌旋风或巨大的风火轮，它们席卷整片沙漠，扬起沙尘，把所有东西都盖住了，宝物也找不到埋藏在哪里。整个过程中孩子情绪亢奋，宣泄感明显。在之后的沙盘游戏中出现了保护性的主题，虽然风暴依然会出现，但孩子会邀请治疗师一起扮演采矿人，将所有的宝石都挖掘出来，如果遇到挖掘困难，淘淘还会想办法不断寻找、开发新的工具来克服困难，并探索整片沙漠。不过在挖掘的工程中，他会表现出必须是获胜的一方，他挖到的宝石必须是最多的，否则就会要求重新再玩一局采矿游戏。

当环境的安全与接纳被感知到后，淘淘通过沙盘游戏

第四部分 常见儿童青少年心理问题的案例分析

将自己难以用言语传递的情绪宣泄出来,这些情绪可能是带有毁灭性的、负面压抑的、不能被外界允许出现的,但他找到了一个合适的空间和方式来表现。他对于自身规则感、力量、控制的需求更加清晰明显,同时他也在以隐喻的方式表达希望外界关注到他,有恢复稳定的渴望和自我疗愈的力量,虽然那些美好的事物可能暂时被影响、被掩盖住,但如果有人克服困难,愿意来主动发现和接近,这些事物就会再次重现。

第四次到第六次,淘淘邀请治疗师一起进行对抗类角色扮演,虽然剧情或者人物都有所变化,但淘淘始终将自身扮演成胜利的一方,在第五次中他甚至会表示自己现在是神、是全宇宙的管理者,他与邪恶一方对抗,会不断重申其存在的必要性,以及获胜的必然性。但在后期当治疗师不断失败时,他会转向指导治疗师如何应对来自另一方的攻击,甚至觉得双方都很强大,对抗以平局结束。

虽然在几次的游戏中淘淘有试图越过安全界限的行为,被制止时有一些情绪反应,但他能够很快控制住,转而开始新的游戏。他在游戏中对力量的需求依然存在,当治疗师加入游戏后,他能够很好地互动沟通,同时要求治疗师遵循他制定的游戏规则,但之后淘淘对于力量的追求实际有所降低,对比赛中弱势的一方,能够主动给予安慰和退让,甚至会更改规则,认可和接受对方也拥有同样的地位和力量。

第七次到第十次,淘淘的游戏有所变化,由抗争、宣泄

类的游戏转为职业角色扮演为主,比如玩具店里卖汽车模型的老板,或者水晶泥变化大赛的主持人和参赛者,有时甚至会同时扮演了超市老板、厨师、服务生等多重角色,一开始作为超市老板买卖物品,然后转换角色成为厨师进行烹饪,创造了一系列很有卖点的美食,并为顾客提供食物。

当自我存在感被不断关注,自我控制力量被接纳与认可后,淘淘的情感需求获得了回应与满足,他开始向更高一层的认知阶段发展,抚育型游戏在治疗中出现,意味着淘淘在游戏中的表达和心理发展需求开启了下一个阶段的序曲。

十次治疗后,淘淘的自我疗愈能力明显增强,游戏结束时的分离型焦虑已经消退,边界感清晰,情绪行为日趋稳定,他在现实生活中的状态也有改善,家长反映淘淘在家里能够正常的生活学习,没有出现了过于频繁的情绪波动与攻击行为了。

淘淘的治疗之后还会继续,新主题的出现也会带来新的发展与调整,而在一切发生的过程中,游戏作为孩子使用的专有语言起到了重要作用,它帮助孩子一步步成长起来,重新找回了快乐和力量。

案例二　曼陀罗绘画处理 14 岁初中生的负面情绪

1. 曼陀罗绘画基本方法

（1）主题:自发曼陀罗绘画。

第四部分　常见儿童青少年心理问题的案例分析

（2）绘画时间：25分钟。

（3）工具：一盒彩色铅笔，一张白纸（或曼陀罗绘制模板）。

（4）治疗过程

1）入静：可运用儿童版渐进式放松引导儿童进入平静的状态，也可简单的引导儿童多次缓慢地深呼吸，进入平静的状态。让儿童想象一下即将要绘制的画面。

2）陪伴作画：此过程心理工作者也应高度专注，体验儿童的情感，关注移情与反移情，有无联想。

3）想象与谈话：完成绘制后则可引导儿童进行想象与谈话。此提出谈话思路参考：①请为这幅曼陀罗作品取一个名字。②绘画中和绘画后有什么情感情绪？③请简单地描述一下这幅画。④这幅画当中哪个部分或意象是你最有感觉的呢？⑤你由此联想到什么吗？或之前有没有同样的感受？⑥现在生活中有类似的感觉或事情吗？⑦通过这幅画你有什么感悟呢？

曼陀罗绘画疗法在国内应用越来越广泛，并国内外许多研究证明其疗效，此处编者分享一例案例，供做参考。

2. 曼陀罗绘画疗法案例（节选部分）　来访者D，男性，14岁，因为疫情在家1个多月后出现抑郁状态与恐惧情绪，家长带D前来求助。咨询中运用了曼陀罗绘画疗法，引导来访者入静、专注绘画。下方为D的曼陀罗绘画作品（图4-1）。

突发应急事件儿童青少年心理问题识别及应对

图 4-1　曼陀罗绘画作品

名字：缺了一阵法门的孔雀翎。

心情：有一点点难受、想攻击。

联想：①美丽暗含危险；②孔雀翎是暗器，这个孔雀翎被佛光照耀；③搅动万千世界的轮。

来访者 D：画好了。

咨询师：哇，画好啦。嗯，让我们先一起来看看和感受你的作品。

……观看和感受作品 40 秒

咨询师：你可以介绍一下你画的作品吗？

来访者 D：我画的是一个暗器。

咨询师：嗯，那这是什么暗器呢？

来访者 D：孔雀翎，但是它缺了一阵法门，所以发射不出去。

咨询师：嗯，那会给你一种什么感觉呢？

来访者 D：不舒服。

咨询师：可以具体讲讲这种不舒服的感觉吗？

来访者 D：难受，不爽，想发脾气，但又不能发脾气。

咨询师：噢，这样的感觉会让你想到什么呢？

来访者 D：在家里待着就会这样。

第四部分　常见儿童青少年心理问题的案例分析

咨询师：请你详细讲讲在家里待着是怎么样的情况。

从曼陀罗绘画的运用过程中，可见来访者将疫情期间产生的情绪在曼陀罗中得到了表达。此个案中，除了来访者 D 谈话所说的难受、不爽、想发脾气但不能发脾气的情绪外，还可以留意到画面的外圈是黑色的，且联想是搅动万千世界的轮，以及另一联想，暗含危险。结合起来，与现实中外部世界的不稳定、暗含危险、充满变动是有联系的。

而儿童青少年来访者除了在曼陀罗绘画中可以自由地表达情绪情感之外，还可以在曼陀罗绘画中激发自性动力，使自我得到滋养壮大。

编者希望心理工作者在运用曼陀罗绘画疗法时，除了充分运用绘画及曼陀罗图案结构的特点之外，还得将心理分析理论、人本的理念相结合，这更能将治疗效果发挥出来。

案例三　被大量讯息困扰的高中生（表达性绘画治疗）

小安是一名 16 岁的高中生，自新冠疫情出现后一直在家里没有出过门，春节后不久感觉自己特别憋闷、心慌、紧张、学习注意力不能集中，总是不由自主地去看相关的新闻，心情也跟着网络信息起起伏伏，她感觉特别烦躁，脾气也变大了，睡眠也不太好，自己尝试着去控制但是效果不佳，在家人的劝说下，来做心理治疗。

治疗师在评估了她的相关情况后建议她尝试使用画画的形式来表达自己内心的感受,小安首先用红色的彩色铅笔来画了一个人站在窗前,头部和身体的位置有空缺,双手紧握,姿势紧张,然后在四周画了很多的对话框,表示来自四面八方的讯息涌向她,将她吞噬(图4-2)。

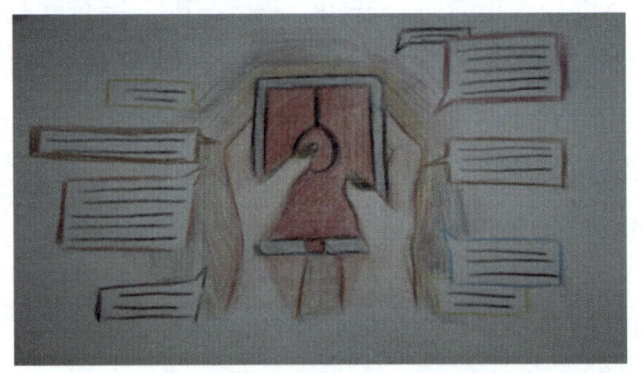

图4-2　表达性绘画治疗作品1

在治疗师的引导下,她表达了由红色区域淤积在心理的紧张、恐惧与害怕的情绪,感到生活陷入不安的氛围,失去对自身的掌控感,以及对未来放大的不确定性的焦虑。她觉得自身在这样的状态中感觉被挤压变形,她渴望能恢复自身的心理平衡。小安在尽情表达自己内心的感受之后,跟随治疗师学习渐进式肌肉放松,通过画面来想象自己内心高强度的红色区域随着放松慢慢地缓解,由红色变成黄色,再到淡淡的绿色,最后,治疗师让小安在原有的画作上进行加工,创作能够给自己带来帮助的部分,她在人物

与众多讯息之间画了一圈儿栅栏进行了阻挡,"这些信息被挡在外面,心理感觉轻松了许多。"她露出了笑容。

通过此次绘画治疗,结合了渐进式肌肉放松的形式,让小安把内心的感受进行表达和转化,帮助她缓解了情绪,最后教她在家也使用这种形式来帮助自己疏导情绪,在之后的随访中她的状态比较稳定。

案例四　在画纸上打僵尸的孩子(表达性绘画治疗)

5岁半的乐乐是一个活泼的男孩子,因为新冠疫情不能出门进行他喜欢的活动,他为此闹了好几次脾气,大哭了几次,可是因为情况特殊,家长说什么也不能带他出门,渐渐地他变得有些沉闷,有时候一个人呆呆地坐在窗户前面看天空,变得胆小、怕黑,晚上做噩梦,梦见有僵尸来咬他,他特别害怕,会从梦里哭喊着惊醒。家长觉得他的变化特别明显,带来医院求助。

乐乐在治疗室中好奇地打量了一番,目光落在油画棒上,治疗师问他是不是想画画,他点点头,他选择了油画棒作为绘画工具,在经过几轮涂鸦游戏后,乐乐变得比较放松,脸上也开始有了笑容,他开始进行自己的绘画创作(图4-3)。

他一边画一边发出"轰轰"的声音,下笔用力,表情投入,当他画完后,告诉治疗师,这是植物大战僵尸,有

图4-3 表达性绘画治疗作品2

很多很多可怕的僵尸来了,植物们在奋力抵抗,现在不分胜负,战场上非常激烈。治疗师引导他说出僵尸有哪些弱点,植物怎样能够战胜他们,乐乐非常认真的表达着他的想法,在讲完之后,治疗师邀请他再画一张。

此时的画面上,植物已经获得了全面胜利,正在开心的庆祝,乐乐非常兴奋,大声地说"不管是僵尸还是病毒,都打死了!"治疗师说"哇!植物们非常厉害!""这是全世界最厉害的植物!以后再来僵尸也不怕啦!"之后跟治疗师一起愉快的给植物们颁发了奖杯(图4-4)。

乐乐根据自己的需要,主动选择了绘画表达的方式来呈现困扰自己的情绪,对"僵尸"——未知的可怕事物的恐惧,当他在画纸上进行植物大战僵尸的时候,就是同时在内心层面对恐惧情绪进行处理,治疗师引导他进行情绪转化,而这种无法表达的情绪能够通过这个过程找到出口,

图 4-4　表达性绘画治疗作品 3

当孩子被关注和理解的时候，内心的力量也会增强，并被他自己创造性地使用。

案例五　通过沙盘游戏治疗处理恐惧情绪的 9 岁男孩

来访者 A，男性，9 岁，因为看到很多疫情的新闻，产生恐惧、不安。会找地方躲起来，如躲到沙发底下，还出现抠指甲的行为。社会交往能力变差。家长带 A 前来求助。

咨询中运用了沙盘游戏，引导来访者完成沙盘摆盘。下方为 A 的沙盘作品（图 4-5）。

图 4-5　沙盘游戏治疗作品

突发应急事件儿童青少年心理问题识别及应对

名字：打仗沙盘。

心情：舒服，开心。

联想：想起晚上睡觉做梦经常梦见打架、打仗。想起来每天吃一样的东西很想骂人。

咨询师：A，你可以告诉哥哥你摆了些什么吗？

来访者：士兵，坦克，飞机，潜艇。（回答小声缓慢）

咨询师：噢，还有其他吗？

来访者：还有铁路。

咨询师：他们在干什么呢？

来访者：打仗。

咨询师：为什么他们在打仗呀？

来访者：抢物资。

咨询师：哦，抢物资，那看来这些物资很重要。（A点头）那这些物资包括什么呢？

来访者：情报。

咨询师：哦，情报，那这个情报也很重要咯。（A点头）那情报都写了什么呢？

来访者：可以告诉你是不是被选中的人。

咨询师：嗯？选中的人？什么意思呢？

来访者：就是被选中的人就会被抓起来关起来。

咨询师：嗯，关在哪里呢？

……沉默6秒

来访者：医院。

第四部分　常见儿童青少年心理问题的案例分析

咨询师：噢，被关在医院。关进去之后呢？

来访者：不知道。

咨询师：这和你的生活中有什么联系呀？

来访者：最近的疫情。

……

结合沙盘作品与谈话内容，可作出以下的分析和假设：沙盘整体有故事性，有逻辑。左上方一支军队（武器朝向左右）；右上方一个铁路延伸向左下方至中间偏左下位置；右下方空白；左下方有一支军队（武器朝向上方）。沙盘左方沙具较充实，但右方很空。沙盘中的动力流动是从右上方指向左下方。沙盘中无出现特别突兀的沙具。

沙盘中有4个重点可留意关注。

1. 左上方军队的武器朝向是左右。分析：孩子内心害怕左上方能量的攻击。

2. 两支军队是一伙的还是对抗的。分析：对抗。象征两种心理能量的对抗冲突，可能是超我与本我，也可能是家长与A。两支军队是为了争夺情报而打仗，目前势均力敌，但下方更胜一筹，因为有飞机。

3. 铁路的方向及铁路上的指示牌，指示牌为停止和前方禁行。分析：铁路的方向，从未知开向未知；但有重要线索指向情报，这个情报是能决定个人是否会遭遇"突如其来的疫情灾难"的；分析：情报的结果很可能会让他被抓起来关起来，所以内心是拒绝抑或逃避想要得到这个情报的，所以铁路中会有停止路牌。

4. 右方的空白。分析：可能是对治疗师的阻抗、不信任，也可能与早期依恋关系的信任感、安全感的建立有关。

由上述沙盘案例可见，儿童青少年来访者是可以在安全、自由、保护的氛围中充分表达他的内心的，如情绪、认知、需要、状态。而受疫情影响的来访者往往在沙盘中容易呈现医疗、死亡、战争、密闭、焦虑、冲突等内容，需要我们捕捉到并引导他们表达和体验，并经验出感悟。

案例六　遭受丧亲和新冠疫情双重困扰的高中生（游戏治疗在青少年中的综合运用）

小秋是一名16岁的高中女生，3个月前父亲因车祸突然去世，在家人还沉浸在悲痛之中时，新冠疫情的暴发，又继续蒙上了一层阴影，自从父亲去世后，小秋变得沉默，不太爱说话，常常会哭泣，在社交方面也回避与人建立关系，自己跟朋友的距离也越来越远，注意力不能集中，无心学习，疫情出现后感觉压力更大，常常做噩梦。为了帮助她，妈妈将她带来医院求助。

治疗师在接触的过程中，发现她有比较明显的抑郁倾向，认为自己活着是在给周围人添麻烦，父亲去世后自己的世界感觉垮塌了，感觉不到自己存在的价值。社会功能、日常生活与学习都受到了明显影响。

第四部分 常见儿童青少年心理问题的案例分析

小秋接受了治疗师的建议,采用游戏治疗的方式来面对自己的感受,这种方式让她觉得轻松一些。第一次治疗,采用情绪爱心游戏的方式,来访者给自己目前感觉到的情绪以不同颜色来代表。然后用不同的颜色来填充一颗心形的图案。来访者涂色的过程中保持着很小的声音,表达与回应语速都很慢,没有太多表情变化,提及过往创伤事件时,情绪崩溃,掩面痛哭,但会尽量不哭出声音。整颗心大部分被来访者用黑色(抑郁)、蓝色(悲伤)、灰色(害怕)、红色(恨)所填满,只有一丝绿色(安心)存在,来访者表示这一丝绿色是因为自己身边还有一位能说上话的朋友。

第二次治疗采用沙盘游戏形式,孩子在沙盒中放置了几个距离较远的沙具模型,自述这些是她喜欢的漫画形象,每一个都在讲述一个故事,但这些故事都在传递负面情绪。来访者退回到隐喻的象征性玩偶背后,用一种保护自我、安全的方式向外界传达出现在她对所处世界的不信任和伤痛感。

第三次治疗为游戏治疗,贴纸画,关于自己的海报,她花费了很长的时间来完成整幅作品,每一个步骤都很小心,没有太多的言语表达和解释,但向治疗师讲述了关于她对自残的想法,来访者开始流露出对人际关系的情感需求,并试探是否自己还能被接纳和认可。

第四次治疗为游戏治疗,贴纸画,主题是自己的一天,分成九个小画面,每一幅都是描述的她日常生活中发生的不愉快事件,自述感觉自己的每一天都是这样周而复始地度过,不知道未来在哪里,不知道自己的希望还会不会出现。经过与治疗师的互动,小秋能够用自我为角色来演绎创伤事件,心理承受能力上开始有所回升,对咨访关系也更加信任。

第五次治疗为绘画治疗(图4-6),描绘心中的安全之所。她用彩色铅笔勾勒了一个美丽的风景,里面有个人在等着她,那是她的父亲,表达到这里时她痛哭起来,感觉

图4-6 绘图治疗作品

十分难过,在治疗师的帮助下小秋对父亲说了很多思念的话,并感受了父亲对自己的期盼和祝福,这次治疗结束后小秋表示自己的心情好了很多。

通过小秋的案例可以了解到游戏治疗在青少年群体中使用的特点,会使用更多的对认知功能有要求的治疗方法,青少年的主动参与性会更强,在治疗过程中治疗师需要更好的贴近他们的经验,进行反馈,从而建立信任关系去帮助他们面对自己的内心。

第四部分　常见儿童青少年心理问题的案例分析

案例七　针对 9 岁男孩的焦虑情绪进行的认知行为治疗

小诚是一名 9 岁读小学三年级的男孩，因为疫情导致焦虑，总担心自己会被感染。因此进行心理治疗。

小诚：老师，你说现在疫情严重吗？会感染吗？

治疗师：你好像很担心。你觉得严重吗？

小诚：严重吧。会感染吗？

治疗师：你害怕自己感染对吧？

小诚：是的。我总感觉只要不洗手就会感染。每天都在担心这个事情。无论我做什么，我总是担心自己被感染，感染了怎么办呢？

治疗师：你跟我说一下，你每天有多担心，好吗？

小诚：我总是担心会感染，只要不洗手就会感染。我看到电视上很多这样的新闻，说有人因为接触了几秒钟就感染了，每天新增感染几百几千人，又死了多少多少人，我就很害怕。我生怕我也会感染。我总是在想这件事情。妈妈说我是傻孩子，太担心了，但我就是害怕。

治疗师：你一天大概想多少次呢？

小诚：想很多次。我只要一放松，就会开始想。无论做什么，我都会想。

后来，来访者向治疗师详细了表达了自己的状态。通

突发应急事件儿童青少年心理问题识别及应对

过数次会谈,经过详细的评估,收集来访者各方面资料,建立了较好的咨询关系之后,治疗师运用认知行为疗法当中的多重环节法,针对来访者的困扰进行工作。

多重环节法就是把整个发展过程区分为若干环节,并讨论每个环节发展的可能方向和需要的条件,讨论在这个环节当事人可以做什么能够让事情朝着自己期望的方向发展,或者可以做什么来扭转上一个环节带来的不理想局面。通过这种有步骤的系统思考,将事情的发展区分成各阶段,通过对各阶段的细致探讨来发现各种潜在的前提条件,并在此基础上发挥个体的主观能动性,结合现实情况,改变不良认知,并改变不利局面。

治疗师:上次你有说到自己总是担心被感染。对吗?

小诚:是的。

治疗师:你好像觉得这是一定会发生的。我们能不能多一些思考在里面,比如你觉得如果一个人被感染那需要一个什么样的过程呢?

小诚:需要有病毒,然后感染。

治疗师:那病毒从哪里来呢?

小诚:从被感染的人那里来。

治疗师:哦,首先有一个人被感染了。然后,那个病毒是怎么来的呢?

小诚:应该是咳嗽,然后传播进空气里面。

治疗师:然后呢?

第四部分　常见儿童青少年心理问题的案例分析

小诚：然后被人吸进身体就会感染了，或者手摸到后就感染了。

治疗师：再吸入之前呢？病毒是什么状态呢？

小诚：在空气里。

治疗师：哦，看来病毒需要在空气里待一段时间。

小诚：对，待一段时间。

治疗师：嗯，然后呢？

小诚：然后才是被吸进身体里或者摸到被感染。

治疗师：哦，那现在整个过程我们有了一个思考，是什么样子的呢？

小诚：有人被感染，然后他咳嗽了，病毒进入空气，待一段时间，然后感染。

治疗师：那如果真的发生感染，在这些阶段里面，都有一些什么样的前提条件呢？比如有人被感染这需要什么条件呢？

小诚：那个人应该离我很近我才能被感染。

治疗师：那在你现在生活的地方，有被确诊的吗？

小诚：好像没有。我总是看报道，没有提到。

治疗师：那你知道多远的距离才会被感染吗？

小诚：好像是排队的时候要相隔1米，看来病毒离我很远很远啊。

治疗师：哦，你知道了病毒离你很远很远了，所以不会被感染。

突发应急事件儿童青少年心理问题识别及应对

小诚：对啊。应该不会的。

治疗师：嗯，很好的想法。我们看第二个阶段，病毒要进入空气，并且待上一段时间。这又需要什么条件呢？

小诚：我不知道。

治疗师：病毒是寄存在人体里的，如果脱离了人体，进入了空气当中，会在一段时间内死去。

小诚：哦，这样啊。那是不是在这段时间内死掉了，就不会被感染了。

治疗师：是的，你很聪明。

小诚：哦，病毒要存活一段时间。病毒因为脱离了人体，在空气里只能存活很短的时间，我只要那个时间不去外面应该就不会被传染。

治疗师：哦，很好，还可以做点什么措施防止传染呢？

小诚：可以戴口罩，我看大家都戴口罩。还可以洗手，妈妈说的。妈妈还说可以消毒杀死细菌。

治疗师：看来你找到了很多种方式，既然这么多方式都可以预防病毒，这样看来，就算有病毒咱们好像也有办法解决。

小诚：对，有办法。就算有病毒，也可以消灭。病毒可能还没活到那个时候就死了。

治疗师：哦，你现在了解了病毒的传播过程，也有了新的思考了。现在感觉怎么样？

小诚：我感觉好多了。病毒不会感染我的。我身边又

没有这样的人,而且还有各种办法呢!就算感染了,我还可以找医师啊。医师总是有办法的。

认知行为疗法主要针对来访者的信念来工作。我们大脑往往习惯于凭借经验来做最快速的思考,而这种思考具有速度快却精确性不足的特点。所以在这个案例中,来访者看到疫情信息,大脑立刻启动了快速思维,产生了"疫情这么严重,我一定会被感染"的自动思维。"疫情这么严重"这是客观现实,"我一定会被感染"这是认知思维,焦虑情绪是引起的结果。要想解决这个困扰,一定要对认知思维进行矫正,要去思考认知思维是否与现状相符。通过细致周密的有条理的思考,来访者和治疗师对被感染病毒的过程做了思考,从而避免了经验性思考带来的精确性不足的错误,得到了更全面更理性的答案。这个更合理的信念替换了原来错误不合理的信念,使来访者的困扰得到了解决。

案例八　通过正念缓解焦虑情绪的初三学生

小刘,男,15岁,初三学生,由于疫情无法回学校学习,担心自己学习效率不高影响自己的中考成绩,考不上高中。每天看着中考倒计时,感觉时间很紧迫但是自己又没办法静下心来学习,近1个月来出现坐立不安、紧张、冒冷汗、心慌、失眠的情况。

在与小刘的交流中,治疗师发现他对于自己的学习状

况比较焦虑，这种焦虑导致他对无法专注，而越是无法专注，就越担心自己的学习成绩会下降，从而陷入了恶性循环，要打破这种恶性循环，就需要用一些方法去面对这种焦虑和紧张，经过讨论，治疗师决定采用正念的方法来帮助小刘缓解焦虑、接纳自己的情绪、提高专注力。

整个治疗中主要采取正念呼吸来进行治疗，主要过程是：

第一步：治疗师介绍正念疗法，强调正念是一种有助于体验当下的方法，在正念呼吸的过程中不需要刻意去追求达到某种状态，不需要去刻意改变呼吸的节奏，只需要去感受呼吸本身的样子，如果走神，或者头脑中出现一些想法，这些都是很正常的，需要做的是保持不批评自己、不指责自己的态度，感受、接纳一切自己体验到的感受。

第二步：由治疗师念指导语，采用坐姿进行今天的练习，温和地看着前方或者是闭上眼睛，不管你坐在一张椅子还是地板上，以一种挺直的坐姿，把你的注意力放在呼吸上，跟你的呼吸的感觉待在一起。让你的身体回到此刻，让你的心休息，带着一种善意的注意力去觉察自己的呼吸。

现在让我们做2次深呼吸，感受呼吸在你全身的流动。然后，让呼吸回到自然的节奏，把注意力带到身体中你最容易感觉到呼吸的地方，鼻孔、喉咙、胸口或是腹部，尽可能正念感受你的呼吸，任何时候你的注意力分散了（无论是在2次还是10次呼吸之后），当你意识到时尽快地、温和地把它带回来，这种重复地回到当下，就是对

第四部分　常见儿童青少年心理问题的案例分析

观察的训练，观察这口呼吸及当下这个时刻。在接下来的几次呼吸中，开始温和地默念"平静"和"自在"，把你的注意力主要放在呼吸的感官变化上，让这些温和的词语去帮助你平静、放松，让心宁静，让专注力增强，平静、自在，让呼吸的节奏自然变化，有时会长一些，有时会短一些，每时每刻里只要简单地去感受现在，就是现在这一刻的节奏就好。当你体验到平静与自在时去感受它们的质感。

觉察到身体是一个整体的感觉；觉察呼吸进入和离开身体的更广阔的感受；觉察身体和地板、椅子、垫子或者板凳接触的地方出现的身体感觉，如触感、压力的感觉，以及双脚或双膝和地面的接触，或者臀部和支撑臀部物体的接触，双手放在大腿上或一起放在膝盖上的触感等。尽你所能地，将这些感受和呼吸及身体作为一个整体的感受，一起放进一个宽广的觉知之中。

可能你会发现头脑反复从呼吸和身体感觉的关注上走神。记住，这是头脑的一种自然倾向，且它着实不是一个错误，也不代表练习的失败或"没有做对"。正如我们之前所说的一样，不管任何时候你注意到你的注意力从身体感觉上游离，去觉察你在游离的瞬间中，温和地注意到在你头脑中的是什么，是"思考""计划""回忆"？还是其他的？然后重建你对呼吸感觉及身体作为一个整体的感觉的注意。

尽你所能地，从一个瞬间到又一个瞬间，与你身体的感觉待在一起，友善的温和的和感觉待在一起。

在治疗中，小刘对于治疗师的指导语的领悟能力很好，呼吸平稳，肌肉放松，当30分钟的治疗结束后，小刘说道："我感觉好舒服啊。"他明显从这个温和而接纳的氛围中感到了放松，这种放松的感觉让他原本慌乱不定的内心变得安定。同时，治疗师将正念音频分享给他，并告知他只要保持正念的基本态度，日常生活中也可以自己使用正念的方法，帮助自己在紧张焦虑的时候放松身心，让自己变得更稳定。在回访中，小刘表示自己有在家多练习，对自己的帮助很大。

小结：此章节介绍了8个关于儿童与青少年心理问题的案例，年龄从5岁至16岁，治疗方法主要有游戏治疗、艺术治疗、认知行为治疗、正念等，在实际的心理治疗当中，各个疗法的使用充满了灵活性，需要治疗师对孩子的状态，再给予合适的治疗方法，所以治疗师和相关心理工作者在处理儿童与青少年的心理问题中需要学习和掌握多种治疗方法，并对儿童与青少年的心理发展规律和常见的心理问题有足够的知识储备和识别能力，以下案例中出现的人物均为化名，因篇幅有限，介绍了案例过程的主要部分，通过这些案例的呈现，能看到儿童和青少年在心理治疗当中是如何进行自我表达，疏导情绪和获得成长的力量，这也是心理治疗师和相关心理工作者孜孜不倦前进的动力。

（杨醉文　马　静　郭素芹）

第五部分
相关心理问题常用量表

在本书的前面章节，我们已经知道了突发公共事件对不同年龄段儿童青少年心理健康的影响，并获取了一些帮助我们进行儿童青少年心理问题识别的具体方法。其中可以使用一些评定量表来进行辅助识别。

目前心理评定量表种类繁多。但比较常用的与突发应急事件相关的量表包括青少年心理弹性量表（Connor-Davidson resilience scale，CD-RISC）、儿童抑郁障碍自评量表（depression self-rating scale for children，DSRSC）、青少年生活事件量表（adolent self-rating life events check list，ASLEC）、领悟社会支持量表（perceived social support scale，PSSS）、儿童焦虑性情绪障碍筛查表（the screen for child anxiety related，SCARED）、艾森克个性问卷（7~15岁）（eysenck personality questionnaire，EPQ）、3~7岁儿童气质问卷（New York longitudinal study，NYLS）、创伤后应激障碍症状清单（posttraumatic stress disorder check list，

PCL）、Achenbach 儿童行为量表（achenbach child behavior checklist，CBCL）、简明精神病量表、临床用创伤后应激障碍量表（clinician-administered ptsd scale，CAPS）等。在本书中，我们采用评定者性质方法，按照自评和他评量表来给大家介绍这些量表。

一、自评量表

自评量表的表填表人为受试者自己，受试者对照量表的各条目陈述选择符合自己实际情况的答案并作出程度判断。一般来说实施简便，可以作为个体测验，也可作为团体测评，但是需要测试的儿童青少年有一定的阅读理解能力。目前与突发应急事件相关的儿童青少年相关的常见的自评量表有：青少年心理弹性量表（CD-RISC 量表）、儿童抑郁障碍自评量表（DSRSC）、青少年生活事件量表（ASLEC）、领悟社会支持量表（PSSS）、儿童焦虑性情绪障碍筛查表（SCARED）、艾森克个性问卷（7～15 岁）EPQ、NYLS 3～7 岁儿童气质问卷、创伤后应激障碍症状清单（PCL）、Achenbach 儿童行为量表（CBCL）等。

（一）青少年心理弹性量表

心理弹性又名心理韧性等，指面对创伤、困境、威胁或其他重大压力时，个体能很快恢复并保持健康心理的能力。心理弹性能在儿童青少年经历困难时发挥积极作用，为儿童青少年心理发展提供积极力量。心理弹性越高，个体对周围外界环境的动态调控和适应能力越强，遇到问题能采取更加恰当的应对方式，能更主动地利用外界支持资源，更能积极有效地适应压力事件。所以具有较高心理弹性的儿童青少年在经历重大事件之后更能产生积极地改变。因此提高儿童青少年心理弹性水平，可以帮助实现儿童青少年经历突发公众事件之后的心理成长。通过心理弹性量表了解儿童青少年心理弹性，更加有利于心理学工作者更好地为儿童青少年工作。本书采用的心理弹性量表是Connor 和 Davidson 于 2003 年编制的青少年心理弹性量表（CD-RISC 量表，表 5-1）。该量表起源于对 PTSD 的研究，CD-RISC 的内部一致性信度为 0.89，重测信度为 0.87，具有良好的信度和效度。量表总共有 25 个条目，按照 0～4 分进行 5 级计分法，包含能力（4、18、20、3、19、15、17、21）、忍受消极情感（9、16、25、7、14、10、24）、接受变化（1、12、13、2、22）、控制（5、23、6）、精神影响（11、8）5 个因素。根据评估要求选择完成以后最后将所得数值相加得出总分。总分越高，代表受试者心理弹性越高。心理弹性越高可以帮助儿童青少年更好从消极的经历中恢复过来，以更加积极的态度去适应事件所带来的种种改变。

突发应急事件儿童青少年心理问题识别及应对

表 5-1 青少年心理弹性量表（CD-RISC 量表）

指导语：下表是用于评估心理弹性水平的自我评定量表。请根据过去 1 个月您的情况，对下面每个阐述，选出最符合你的一项。注意回答这些问题没有对错之分。0 分代表：从来不，1 分代表：很少；2 分代表：有时；3 分代表：经常；4 分代表：一直如此。

问题	从来不	很少	有时	经常	一直如此
1. 我能适应变化	0 分	1 分	2 分	3 分	4 分
2. 我有亲密、安全的关系	0 分	1 分	2 分	3 分	4 分
3. 我对自己的成绩感到骄傲	0 分	1 分	2 分	3 分	4 分
4. 我努力工作以达到目标	0 分	1 分	2 分	3 分	4 分
5. 我感觉能掌控自己的生活	0 分	1 分	2 分	3 分	4 分
6. 我有强烈的目的感	0 分	1 分	2 分	3 分	4 分
7. 我能看到事情幽默的一面	0 分	1 分	2 分	3 分	4 分
8. 事情发生总是有原因的	0 分	1 分	2 分	3 分	4 分
9. 我不得不按照预感行事	0 分	1 分	2 分	3 分	4 分
10. 我能处理不快乐的情绪	0 分	1 分	2 分	3 分	4 分
11. 有时，命运或上帝能帮忙	0 分	1 分	2 分	3 分	4 分
12. 无论发生什么我都能应付	0 分	1 分	2 分	3 分	4 分
13. 过去的成功让我有信心面对挑战	0 分	1 分	2 分	3 分	4 分
14. 应对压力使我感到有力量	0 分	1 分	2 分	3 分	4 分
15. 我喜欢挑战	0 分	1 分	2 分	3 分	4 分
16. 我能做出不寻常的或艰难的决定	0 分	1 分	2 分	3 分	4 分
17. 我认为自己是个强有力的人	0 分	1 分	2 分	3 分	4 分

（待　续）

第五部分 相关心理问题常用量表

（续 表）

问题	从来不	很少	有时	经常	一直如此
18. 当事情看起来没什么希望时，我不会轻易放弃	0分	1分	2分	3分	4分
19. 无论结果怎样，我都会尽自己最大努力	0分	1分	2分	3分	4分
20. 我能实现自己的目标	0分	1分	2分	3分	4分
21. 我不会因失败而气馁	0分	1分	2分	3分	4分
22. 经历艰难或疾病后，我往往会很快恢复	0分	1分	2分	3分	4分
23. 我知道去哪里寻求帮助	0分	1分	2分	3分	4分
24. 在压力下，我能够集中注意力并清晰思考	0分	1分	2分	3分	4分
25. 我喜欢在解决问题时起带头作用	0分	1分	2分	3分	4分

（二）儿童抑郁障碍自评量表

儿童抑郁障碍自评量表（DSRSC，表5-2）是由P. Birrleson于1981年根据Feighner制定的成人抑郁症诊断标准编制而成，主要用于儿童抑郁症状的临床评估，为儿童抑郁症的诊断提供帮助。而儿童青少年在经历突发应急事件时，也可能会产生抑郁和焦虑等情绪问题。通过儿童抑郁障碍自评量表，可以很好了解儿童青少年是否存在抑郁情绪及抑郁情绪的程度，为临床心理医师及心理学工作者提供较为详细的资料。

突发应急事件儿童青少年心理问题识别及应对

表 5-2　儿童抑郁障碍自评量表（DSRSC）

条目	没有（0分）	有时有（1分）	经常有（2分）
1. 盼望美好的事物	2	1	0
2. 睡得很香	2	1	0
3. 总是想哭	0	1	2
4. 喜欢出去玩	2	1	0
5. 想离家出走	0	1	2
6. 肚子痛	0	1	2
7. 精力充沛	2	1	0
8. 吃东西香	2	1	0
9. 对自己有信心	2	1	0
10. 生活没有意思	0	1	2
11. 做事令人满意	2	1	0
12. 喜欢各种事物	2	1	0
13. 爱与家人交谈	2	1	0
14. 做噩梦	0	1	2
15. 感到孤独	0	1	2
16. 容易高兴起来	2	1	0
17. 感到悲哀	0	1	2
18. 感到烦恼	0	1	2
总分			

注：第1、2、4、7、8、9、11、12、13和16共10项为反向记分，即"没有"评2分，"有时有"评1分，"经常有"评0分。

　　本书中DSRSC主要参考苏林雁教授的中译本及中国城市的常模。该量表共包含18个条目，条目数量少，内容相对简单比较容易评估，对儿童来说容易理解。该量表信度和效度均达到心理测量学要求，具有良好的信度和效度。适用于8~13岁的儿童对于自己抑郁症状的自评。每一个条目按照"没有"评0，"有时有"评1，"经常有"评2进行三级评分。结果分析时，一般条目按照"没有"评0分，"有时有"评1分，"经常有"评2分，但其中第1、2、4、7、8、9、11、12、13和16共10项为反向记分，即"没有"评2分，"有时有"评1分，"经常有"评0分。将18个条目得分相加得出总分，总分越高表示抑郁症状越明显。通过ROC分析，选择灵敏度和特异度最合适的点为分界，得出常模总分第85百分位（总分≥15分）为分界。即≥15分提示有抑郁障碍的可能性。

评定时要注意此量表为儿童自己填写，填写前一定先要让儿童理解填写说明。

（三）青少年生活事件量表

生活事件指日常工作、生活、学习中遇到的负性事件、精神创伤及不幸。这类事情包含比较广，如亲人突然患病、亲人死亡、严重意外等事件。青少年需要面对来自社会、学校、家庭、同伴和身体发育等多个方面的问题，尤其是在面临突发应急事件时，会出现很多负性情绪问题。许多研究表明负性生活事件容易导致青少年出现抑郁、焦虑、恐惧、创伤等问题。青少年生活事件量表（ASLEC，表5-3）是由刘贤臣等综合国内外文献及国内实际情况进

行编制的,并于1976年发表。经过对1473名中学生的测试,证明该量表有较好的信度和效度。该量表能够较好用于评估青少年尤其是中学生和大学生生活事件发生频度和应激强度的评定。ASLEC为自评问卷,由27项可能给儿童青少年带来心理反应的常见负性生活事件组成。评定事件范围一般最近3个月、6个月、9个月或12个月。对每个事件的回答方式应先确定该事件在限定时间内发生与否,若未发生过,仅在未发生栏内画"—",若发生过则根据事件发生时的心理感受分5级评定,即无影响(1)、轻度(2)、中度(3)、重度(4)或极重度(5)。结果统计分析指标包括事件发生的频度和应激量两部分。事件未发生按无影响统计。累计各事件评分为总应激量。得分越高反映负性生活事件对受试影响程度越高。ASLEC总分对焦虑自评量表及抑郁自评量表评分具显著预测作用。若进一步分析可分6个因子进行统计。①人际关系因子包括条目1、2、4、15、25;②学习压力因子包括条目3、9、16、18、22;③受惩罚因子包括条目17、18、19、20、21、23、24;④丧失因子包括条目12、13、14;⑤健康适应因子包括条目5、8、11、27;⑥其他包括条目6、7、23、24。该量表操作简单易行,可以自评也可以访谈评定,评定期限依目的而定,可以广泛应用于精神科、心理科临床及研究工作中,尤其对于儿童青少年面临应急事件的心理应激程度、特点及其与心身发育和心身健康的关系有十分重要的理论意义和应用价值。

表 5-3　少年生活事件量表（ASLEC）

指导语：过去 12 个月内，你和你的家庭是否发生过下列事件？请仔细阅读下列每一个项目，如果没有发生过答否，如果发生过，请您根据事件给你造成的苦恼程度选择无影响（1）、轻度（2）、中度（3）、重度（4）或极重度（5）。

项目	未发生	无影响（1）	轻度（2）	中度（3）	重度（4）	极重度（5）
1．被人误会或错怪						
2．受人歧视冷遇						
3．考试失败或不理想						
4．与同学或好友发生纠纷						
5．生活习惯（饮食、休息等）明显变化						
6．不喜欢上学						
7．恋爱不顺利或失恋						
8．长期远离家人不能团聚						
9．学习负担重						
10．与教师关系紧张						
11．本人患急重病						
12．亲友患急重						
13．亲友死亡						
14．被盗或丢失东西						
15．当众丢面子						
16．家庭经济困难						
17．家庭内部有矛盾						

（待　续）

（续　表）

项目	未发生	无影响（1）	轻度（2）	中度（3）	重度（4）	极重度（5）
18. 预期的评选（如三好学生）落空						
19. 受批评或处分						
20. 转学或休学						
21. 被罚款						
22. 升学压力						
23. 与人打架						
24. 遭父母打骂						
25. 家庭给你施加学习压力						
26. 意外惊吓，事故						
27. 如有其他事件请说明						

（四）领悟社会支持量表

社会支持一般被认为是决定心理应激与健康关系的重要中介因素之一。社会支持具体指的是来自社会各方面的包括家庭、亲属、朋友、同事、伙伴、党团、工会等所给予个体的精神、物质上的帮助和支持，反映了人体与社会联系的密切程度和质量。社会支持目前大致可分为两类，一类是客观的、实际的或可见的社会支持。另一类是主观体验到的社会支持，指的是个体感到在社会中被尊重、被支持、被理解的情绪体验或满意程度。良好的社会支持有利于健康，不良的社会关系则有害于健康。由 Zimet 等编制的领悟社会支持量表（PSSS，表 5-4）就是一种强调个体对社会支持的自我理解和感受的量表，它主要测定的是个体领悟到的来自各种的社会支持，如家庭、朋友和其他人的支持程度，同时，以总分反映个体感受到的社会支持总程度。研究表明，社会支持能够在创伤性事件后缓解心理应激，有助于儿童青少年更好地应对突发应急事件，促进儿童青少年心理发展和成长，带来积极正面的影响。该量表具有良好的信度和效度。目前我国使用的是姜乾金（1999）翻译的中文版。在本书中考虑到研究对象为儿童青少年，建议将"领导、同事"改为"老师、同学"，保留"亲戚"。本量表含12个自评项目，每个项目采用1~7七级计分法，即分为：极不同意、很不同意、稍不同意、中立、稍同意、很同意、极同意七个级别。计分方法：选①得1分，选⑦得7分，其余类推。本量表包括家庭支持、朋友支持和其他支持3个维度，条目3、4、8、11是家庭支持的条目；6、7、9、12为朋友支持的条目，其余为其他支持的条目。领悟社会支持总分由所有条目分累加，以总分反映个体感受到的社会支持总程度。总分分数越高，说明受试感受和得到的社会支持越多，在面临突发应急事件时更有利于儿童青少年的心理健康。

表 5-4　领悟社会支持量表（PSSS）

指导语：以下有12个句子，每一个句子后面各有7个答案。请您根据自己的实际情况在每条后面选择一个符合您的答案。①表示您极不同意，即说明您的实际情况与这一句子极不相符；⑦表示您极同意，即说明您的实际情况与这一句子极相符；选择④表示中间状态。余类推。

突发应急事件儿童青少年心理问题识别及应对

1. 在我遇到问题时有些人（领导、亲戚、同事）会出现在我的身旁
①极不同意②很不同意③稍不同意④中立⑤稍同意⑥很同意⑦极同意
2. 我能够与有些人（领导、亲戚、同事）共享快乐与忧伤
①极不同意②很不同意③稍不同意④中立⑤稍同意⑥很同意⑦极同意
3. 我的家庭能够切实具体地给予我帮助
①极不同意②很不同意③稍不同意④中立⑤稍同意⑥很同意⑦极同意
4. 在需要时我能够从家庭获得感情上的帮助和支持
①极不同意②很不同意③稍不同意④中立⑤稍同意⑥很同意⑦极同意
5. 当我有困难时有些人（领导、亲戚、同事）是安慰我的真正源泉
①极不同意②很不同意③稍不同意④中立⑤稍同意⑥很同意⑦极同意
6. 我的朋友们能真正地帮助我
①极不同意②很不同意③稍不同意④中立⑤稍同意⑥很同意⑦极同意
7. 在发生困难时我可以依靠我的朋友们
①极不同意②很不同意③稍不同意④中立⑤稍同意⑥很同意⑦极同意
8. 我能与自己的家庭谈论我的难题
①极不同意②很不同意③稍不同意④中立⑤稍同意⑥很同意⑦极同意
9. 我的朋友们能与我分享快乐与忧伤
①极不同意②很不同意③稍不同意④中立⑤稍同意⑥很同意⑦极同意
10. 在我的生活中有某些人（领导、亲戚、同事）关心着我的感情
①极不同意②很不同意③稍不同意④中立⑤稍同意⑥很同意⑦极同意
11. 我的家庭能心甘情愿协助我做出各种决定
①极不同意②很不同意③稍不同意④中立⑤稍同意⑥很同意⑦极同意
12. 我能与朋友们讨论自己的难题
①极不同意②很不同意③稍不同意④中立⑤稍同意⑥很同意⑦极同意

注：统计各项计分，选1计1分，选7计7分，得分＜32，你的社会支持系统存在严重的问题，可能与你的个性有关。得分＜50，你的社会支持存在一定问题，但不是很严重

第五部分 相关心理问题常用量表

（五）儿童焦虑性情绪障碍筛查表

儿童焦虑性情绪障碍筛查表（SCARED，表5-5）是由 B.Birmaher 于1977年编制并修订的，用于筛查儿童焦虑症状的一个具有良好信度和效度的自测量表。该量表共计38个条目，在1999年修订为41个条目，每个条目按照"0""1""2"进行3级评分。"0"表示没有此问题，"1"表示有时候有，"2"表示经常有。SCARED共分为5个因子，即躯体化/惊恐、广泛性焦虑、分离性焦虑、社交恐怖和学校恐怖。通过计算最终得出量表总分及各因子分。评定时要求受试者一定要理解每一个条目。结果分析：以总分≥23分作为划界分，即得分≥23分提示存在焦虑障碍的可能性。本量表作为一种儿童焦虑症状筛选工具，运用于儿童心理健康筛查，也可作为心理学工作者及精神心理医师结合诊断标准评估儿童存在的焦虑症状，更好地进行心理咨询及其他治疗。在儿童青少年经历突发应激时可以很好了解儿童青少年是否存在焦虑情绪及程度，为临床心理医师及心理学工作者提供量化的信息。

表5-5 儿童焦虑性情绪障碍筛查量表

指导语：请根据您自己或您的孩子过去3个月的情况进行评估。0表示没有或几乎没有；1表示有时有；2表示有或经常有。

	没有或几乎没有	有时有	有或经常有
1. 当害怕时会感到呼吸困难	0	1	2

（待续）

突发应急事件儿童青少年心理问题识别及应对

（续 表）

	没有或几乎没有	有时有	有或经常有
2. 在学校里感到头痛	0	1	2
3. 不喜欢与自己不太熟悉的人在一起	0	1	2
4. 不敢在外面过夜	0	1	2
5. 害怕喜欢自己的人	0	1	2
6. 受惊吓时有一种昏厥感	0	1	2
7. 易紧张	0	1	2
8. 爸爸妈妈走到哪儿就会跟到哪儿	0	1	2
9. 别人说我看上去紧张	0	1	2
10. 与自己不太熟悉的人在一起感到紧张	0	1	2
11. 在学校里胃痛	0	1	2
12. 受惊吓时觉得自己要发疯	0	1	2
13. 害怕独自睡觉	0	1	2
14. 为成为一个好孩子而担心	0	1	2
15. 受惊吓时觉得周围事物不真实	0	1	2
16. 做关于父母碰到不幸的噩梦	0	1	2
17. 担心去上学	0	1	2
18. 受惊吓时心跳厉害	0	1	2
19. 经常发抖	0	1	2
20. 做关于自己碰到不幸的噩梦	0	1	2
21. 担心某些事情会使自己筋疲力尽	0	1	2
22. 受惊吓时大汗淋漓	0	1	2

（待 续）

第五部分　相关心理问题常用量表

（续　表）

	没有或几乎没有	有时有	有或经常有
23．是个"担心虫"	0	1	2
24．无缘无故地害怕	0	1	2
25．害怕自己单独待在家里	0	1	2
26．很难与自己不太熟悉的人交谈	0	1	2
27．害怕时会有喉咙堵塞感	0	1	2
28．别人说我担心太多	0	1	2
29．不喜欢离开家	0	1	2
30．害怕出现焦虑或惊恐发作	0	1	2
31．担心不幸的事情会发生在父母身上	0	1	2
32．与不太熟悉的人在一起会感到害羞	0	1	2
33．对即将发生的事情担心	0	1	2
34．受惊吓时有一种被向上抛的感觉	0	1	2
35．对自己做事的能力担心	0	1	2
36．害怕上学	0	1	2
37．对已经发生的事情担心	0	1	2
38．受惊吓时觉得头晕目眩	0	1	2
39．跟别的儿童或成人在一起时感到紧张，当他们看我时我必须做点什么（如：大声朗读、讲话、游戏或体育活动）	0	1	2
40．对参加有许多不熟悉的人在场的聚会、舞会或其他场合感到紧张	0	1	2
41．害羞	0	1	2

（六）创伤后应激障碍检查表

创伤后应激障碍检查表（PCL，表5-6）是由美国国立创伤后应激障碍中心的 Weathers 等于 1993 年编制，作者希望先用 PCL 进行受试者自评，筛选出可疑患者，再通过 CAPS 进行专业人员进行定式访谈。目前根据《创伤后应激障碍防治指南》我国推荐最多的是 PCL 平民版。具有良好的信度和效度。

PCL 为自评量表，可以评估受试者是否存在创伤后应激障碍相关症状及程度，该量表条目与 DSM-4 的 PTSD 症状学标准进行对应。共包括 17 个项目，包含闯入性回忆、相关噩梦、闪回体验、回忆所致情绪反应等 17 个项目。创伤所致心理生理反应的严重程度评定，分为 1～5 分 5 级评分，1 为无，2 分为轻度，3 分为中度，4 分为重度，5 分为极重度。一般受试者可以独立完成，如果受试者理解能力较差，可逐条念给受试者听。一般耗时 5～10 分钟。结果分析如下。

1. 项目分：范围不在 1～5 分，任一项目≥3 分，即为有临床意义的症状。

2. 因子总分

（1）再体验包括项目 1～5，共 5 项。

（2）回避包括项目 6～12，共 7 项。

（3）高警觉：包括项目 13～17，共 5 项。各因子组成项目的单项分总和,即为该因子总分。

3. 总分范围为 17~85 分。作者用了两个划界分,≥44 分或者≥50 分,如果作为筛查应用 44 分划界较为合适。PCL 最主要是作为 PTSD 的筛查工具,不能作为最终诊断工具使用。目前 PCL 广泛地应用于创伤后应激障碍相关的研究及临床中。

表 5-6　创伤后应激障碍检查表(PCL)

指导语 1:重大生活事件的发生,由于其突然性及其造成的灾难性影响,不可避免地对涉及事件的许多人造成不同程度的心理和身体影响,会造成人体的应激反应,带来消极情绪、思维混乱、行为失控等反应。为了科学的评估重大生活事件对您的身体和心理影响,请您仔细阅读指导语,明白意思后根据您自己的实际情况来回答。您所有的评估结果都将受到严格的保密。

1. 在事件发生过程中您的角色:	
(1)直接受影响者	(2)事件目击者
(3)医疗救护人员	(4)现场指挥人员
2. 您和事件现场接触的时间:	
(1)一直在	(2)大部分时间
(3)小部分时间	(4)不在现场
3. 您认为事件发生之后,您自己的身体和心理受到影响了吗?	
(1)没有影响	(2)轻度影响
(3)中度影响	(4)重度影响
(5)极其严重影响	

指导语 2:当您经历或目睹了无法预料的突发事件后,突发事件产生的痛苦情绪有时会在您的记忆中保留很长时间,并且每次回忆时都很痛苦。请您自己评估最近一段时间您的反应,包括这些反应的严重程度(在最合适的分数上画"○")。

突发应急事件儿童青少年心理问题识别及应对

1＝没有什么反应　　2＝轻度反应　　3＝中度反应
4＝重度反应　　　　5＝极重度反应

条目	评分				
1. 即使没有什么事情提醒您，也会想起这件令人痛苦的事，或者在脑海里出现有关画面	1	2	3	4	5
2. 经常做有关此事的噩梦	1	2	3	4	5
3. 突然感觉到痛苦的事情好像再次发生了一样（好像再次经历过一次）	1	2	3	4	5
4. 想起此事，内心就非常痛苦	1	2	3	4	5
5. 想起这件事情，就出现身体反应，例如，手心出汗、呼吸急促、心跳加快、口渴、胃痉挛、肌肉紧张等	1	2	3	4	5
6. 努力地回避会使您想起此事的感觉或想法	1	2	3	4	5
7. 努力地回避会使您想起此事的活动、谈话、地点或人物	1	2	3	4	5
8. 忘记了此事中的重要部分	1	2	3	4	5
9. 对生活中的一些重要活动，如工作、业余爱好、运动或社交活动等，失去兴趣	1	2	3	4	5
10. 感觉和周围的人隔离开来了	1	2	3	4	5
11. 感觉情感变得麻木了（例如，感受不到亲切、爱恋、快乐等感觉，或者哭不出来）	1	2	3	4	5
12. 对将来没有远大的设想（例如，对职业、婚姻或儿女没有期望，希望生命早日结束）	1	2	3	4	5
13. 难以入睡，或睡眠很浅	1	2	3	4	5
14. 容易被激怒或一点小事就大发雷霆	1	2	3	4	5
15. 很难集中注意力	1	2	3	4	5
16. 变得很警觉或觉得没有安全感（例如，经常巡视你的周围，检查异常声音，检查门窗）	1	2	3	4	5
17. 容易被突然的声音或动作吓得心惊肉跳	1	2	3	4	5

（七）艾森克个性问卷（7～15岁）

艾森克个性问卷（7～15岁）（EPQ，表5-7）是由英国心理学家H.J.艾森克教授编制的一种自陈量表。该量表于1952年正式发表于Maudstey医学问卷，随后又于1959年及1964年进行修订，最后于1975年再次修订为艾森克个性问卷。由于EPQ具有较高的信度和效度，用其所测得的结果可同时得到多种实验心理学研究的印证，因此它也是验证人格维度理论的根据。艾森克人格问卷是目前医学、司法、教育和心理咨询等领域应用最为广泛的人格问卷之一。EPQ分为成人和儿童两式，分别用于7～15岁儿童和16岁以上成人。在我国由中南大学湘雅医学院龚耀先教授和四川大学华西医学中心精神科领导的协作组修订为将儿童和成人问卷。青少年一般选用7～15岁儿童版本。本量表共88条，对问题回答"是"或"否"，操作简单方便，易理解。计算分数时，如果规定回答"是"，受试者回答"是"则计1分，如果回答"否"则不计分。如果规定回答"否"，则回答"否"计1分，答"是"不计分。根据受试者在量表上获得的粗分，按照年龄和性别换算出标准T分，便可分析受试者的个性特点。通常一般认为T分＞60分具有某种人格倾向。

EPQ由3个个性维度P、E、N和一个效度量表L组成。E代表内外向，反映内外向人格倾向。高分反映外向，易交往，热情、冲动等特征。低分反映内向、好静、稳重等特征。N 代表神经质，反映情绪的稳定性。高分反映易焦虑、多愁善感、易激动、情绪不稳定等特征。N 分低代表情绪稳定。一般情感反应缓慢而微弱，情感波动之后能迅速平静下来，通常表现沉着镇静、温和、有节制，不容易忧伤。P 代表精神质，反映某些与常人不一样的心境和行为特征。高分反映性格孤僻、不关心他人、与众不同的行为等。这类儿童给人一种古怪、孤独的印象，对同伴冷淡，对动物残忍，甚至对亲人也加以敌视或攻击。有时为了寻求刺激以弥补其情感的空虚，可沉溺于不顾危险的胡闹之中。常缺乏集体意识、同情心和罪恶感等观念。L 则是测试受试者的掩饰倾向或在社会行为中的纯朴性。

表 5-7　艾森克个性问卷（7～15 岁）

以下有一些问题要求你按自己的实际情况回答是或者否，不要去猜测怎样才是正确的回答，因为这里不存在正确或错误的问题，也没有捉弄人的问题，将问题的意思看懂后就快点回答，不要花很多时间去考虑。

1. 你喜欢周围有许多使你高兴的事情吗？	是	否
2. 你爱生气吗？	是	否
3. 你喜欢伤害你喜欢的人吗？	是	否
4. 你贪图过别人的便宜吗？	是	否
5. 与别人交谈时，你几乎总是很快地回答别人的问题吗？	是	否
6. 你很容易感到厌烦吗？	是	否
7. 有时你喜欢开一些的确使人伤心的玩笑吗？	是	否
8. 你总是立即按别人的盼咐去做吗？	是	否

（待　续）

第五部分　相关心理问题常用量表

（续　表）

	是	否
9．你宁愿单独一人而不愿和其他小朋友在一道玩吗？	是	否
10．有很多念头占据你的头脑使你不能入睡吗？	是	否
11．你在学校曾违反过规章吗？	是	否
12．你喜欢其他小朋友怕你吗？	是	否
13．你很活泼吗？	是	否
14．有许多事情使你烦恼吗？	是	否
15．在上生物课时你喜欢杀死动物吗？	是	否
16．你曾拿过别人的东西（甚至一个大头针、一粒纽扣）吗？	是	否
17．你有许多朋友吗？	是	否
18．你无缘无故地觉得"真是难受"吗？	是	否
19．有时你喜欢逗弄动物吗？	是	否
20．别人叫你时，你有过装作没听见的事吗？	是	否
21．你喜欢在古老的闹鬼的岩洞中探险吗？	是	否
22．你常感觉生活非常无味吗？	是	否
23．你比大多数小孩更爱吵嘴打架吗？	是	否
24．你总是完成家庭作业后才去玩耍吗？	是	否
25．你喜欢做一些动作要快的事情吗？	是	否
26．你担心会发生一些可怕的事情吗？	是	否
27．当听到别的孩子骂怪话，你制止他们吗？	是	否
28．你能使一个晚会顺利开下去吗？	是	否
29．当人们发现你的错误或你工作中的缺点时，你容易伤心吗？	是	否
30．看到一只刚辗死的小狗你会难过吗？	是	否
31．当你粗鲁失礼时总要向别人道歉吗？	是	否
32．是不是有人认为你做了对不起他们的事，他们一直想报复你吗？	是	否
33．你认为滑雪好玩吗？	是	否
34．你常无缘无故觉得疲乏吗？	是	否

（待　续）

突发应急事件儿童青少年心理问题识别及应对

（续　表）

35．你很喜欢取笑其他小朋友吗？	是	否
36．成人谈话时，你总是保持安静吗？	是	否
37．交新朋友时，通常是你采取主动吗？	是	否
38．你为某些事情发脾气吗？	是	否
39．你常打架吗？	是	否
40．你说过别人的坏话或下流话吗？	是	否
41．你喜欢给你的朋友讲笑话或滑稽故事吗？	是	否
42．你有一阵阵头晕的感觉吗？	是	否
43．在学校里，你比大多数儿童更易受罚吗？	是	否
44．通常你会拾起别人扔在教室地板上的废纸和垃圾吗？	是	否
45．你有许多课余爱好和娱乐吗？	是	否
46．你的感情很脆弱吗？	是	否
47．你喜欢捉弄别人吗？	是	否
48．你总要在饭前洗手吗？	是	否
49．在文娱活动中，你宁愿坐着看而不愿亲自参加吗？	是	否
50．你常常感到厌倦吗？	是	否
51．有时看到一伙人取笑或欺侮一个小孩时你感到很好玩吗？	是	否
52．课堂上你常保持安静，甚至老师不在教室也如此吗？	是	否
53．你喜欢干点吓唬人的事吗？	是	否
54．你有时不安，以致不能在椅子上静静地坐一会吗？	是	否
55．你愿意单独去月球上吗？	是	否
56．开会时别人唱歌，你也总是一起唱吗？	是	否
57．你喜欢与别的小孩合群吗？	是	否
58．你做许多噩梦吗？	是	否
59．你的父母对你非常严厉吗？	是	否

（待　续）

第五部分　相关心理问题常用量表

（续　表）

	是	否
60．你喜欢不告诉任何人独自离家到外面去漫游吗？	是	否
61．你喜欢跳降落伞吗？	是	否
62．你如果觉得自己干了件蠢事，你后悔很久吗？	是	否
63．吃饭时摆在桌上的食物，你常常每样都吃吗？	是	否
64．在热闹的晚会上，你能主动参加并尽情玩耍吗？	是	否
65．有时你觉得不值得活下去吗？	是	否
66．你会为落入猎人陷阱的动物而难过吗？	是	否
67．你有不尊重父母的行为吗？	是	否
68．你常常突然下决心要干很多事情吗？	是	否
69．做作业时，你思想开小差吗？	是	否
70．当别人孩子对你吼叫时，你也用吼叫来回报他们吗？	是	否
71．你喜欢潜水或跳水吗？	是	否
72．夜间你因为一些事情苦恼而有过失眠吗？	是	否
73．你在学校或图书馆的书上乱写乱画吗？	是	否
74．你在家中是否好像总是感到苦恼吗？	是	否
75．别人认为你很活泼吗？	是	否
76．你常觉得很孤单吗？	是	否
77．你对别人的东西总是特别小心爱护吗？	是	否
78．你总是将自己的全部糖果与别人分吃吗？	是	否
79．你很喜欢外出玩耍吗？	是	否
80．你在游戏中有过弄虚作假吗？	是	否
81．有时你无缘无故感到特别高兴，而有时又无缘无故感到特别悲伤吗？	是	否
82．找不到废纸筐时你把废纸扔在地上吗？	是	否
83．你经常感到幸福和愉快吗？	是	否
84．你做事情往往不先想一想吗？	是	否

（待　续）

（续 表）

85. 你认为自己是一个无忧无虑的人吗?	是	否
86. 你常需要热心的朋友与你在一起使你高兴吗?	是	否
87. 你曾经损坏或遗失过别人的东西吗?	是	否
88. 你喜欢乘坐开得很快的摩托车吗?	是	否

（八）3～7岁儿童气质问卷

气质是心理活动的强度、速度、灵活性等方面的个性心理特点之一。所谓气质，就是小孩子在每天生活中不同情况下的行为表现。美国儿童心理学家及精神病学家Thomas和Chess领导的研究小组通过著名的纽约纵向研究（NYLS，表5-8）提出儿童气质包括九个维度，即：活动水平、节律性、趋避性、适应度、反应强度、情绪灰质、坚持度、注意分散度、反应阈，并根据其中五个维度（节律性、趋避性、适应度、反应强度、情绪本质）将儿童分为难养型气质、启动缓慢型气质、易养型气质，其余为中间型。在1977年NYLS小组设计家长评定的3～7岁儿童气质问卷（parent temperament questionnaire，PTQ）选定符合九个气质维度且能清楚、独立地代表儿童日常生活一般表现的72个项目，采用7级评定法来评定孩子的气质。该问卷为其他儿童气质测查量表的发展奠定了基础，到目前为止仍旧是测查3～7岁儿童气质的常用工具。20世纪90年代我国进行了信度、效度研究，表明该表具有良好的信度和效度。该量表包含72条目，九个维度，每个维度有8个条目。量表需要家长（主

第五部分 相关心理问题常用量表

要抚养者）根据孩子最近一年的表现进行填写，每个条目均在"从不"到"总是"7个等级上对儿童的日常行为表现进行评定。评分方法：一半条目为从 1～7 正向记分，一半为从 7～1 反向记分，评分过程较为复杂，目前基本上已经采用计算机计算统计分析，具体计分过程不再叙述。通过了解孩子的气质类型，父母及学校教师及心理学工作者可以根据孩子的气质特点，提出更加合理的期望、要求、寻找最适合孩子天性的个性化教育方式及沟通方式。家长和学校教师可以实施针对性教育引导，心理学工作者可以更好地与孩子进行沟通、咨询，帮助孩子完善性格，增加孩子的心理弹性能力及抗压能力，促进孩子的心理健康成长。

表 5-8　3～7 岁儿童气质量表（NYLS）

亲爱的家长：

您好！这份问卷是希望得到您孩子的"气质"资料。所谓气质，就是孩子对身体内在或外来刺激反应的方式，也就是孩子在每天生活里不同情况下的行为表现。气质是天生的，没有好、坏的分别，但是，每个孩子生下来就有气质的个别差异，而气质不同的孩子需要不同的照应，由这份资料，我们可以得知您的孩子的气质特征，让您更了解您的孩子，并帮助您以更适合孩子气质特征的教养方式，协助他（她）健全的发育，有效地学习。

问卷所列的题目，每题都以从不、非常少、偶尔有一次、有时、时常、经常是、总是 7 种尺度来衡量，请最了解孩子的抚养者填写。您在填写时请根据孩子最近一年内的行为表现，与他（她）同龄的其他孩子比较后做出适合的选择。如果您的孩子这题所述的行为从没发生过填 1，非常少填 2，偶尔有一次填 3，有时是填 4，时常是填 5，经常是填 6，总是填 7，若某个项目所设定的情形是您的孩子从未经历过的（如 15 题"到别人家里……"而您的孩子至今未去过别人家），则请您在题后注明"不适用"。

突发应急事件儿童青少年心理问题识别及应对

（续　表）

1．洗澡时，把水泼得到处都是，玩得很活泼
2．和其他小孩子玩在一起时，显得很高兴
3．嗅觉灵敏，对一点点不好闻的味道很快地就感觉到
4．对陌生的大人会感到害羞
5．做一件事时，例如，画图、拼图、做模型等，不论花多少时间，一定做完才肯罢休
6．每天定时大便
7．以前不喜欢吃的东西，现在愿意吃
8．对食物的喜好反应很明显，喜欢的很喜欢，不喜欢的很不喜欢
9．心情不好时，可以很容易地用笑话逗他开心
10．遇到陌生的小朋友时，会感到害羞
11．不在乎很大的声音，例如，其他人都抱怨电视机或飞机的声音太大时，他好像不在乎
12．如果不准孩子穿他自己选择的衣服，他很快就能接受妈妈要他穿的衣服
13．每天要定时吃点心
14．当孩子谈到一些当天所发生的事情时，就显得兴高采烈
15．到别人家里，只要去过2～3次后，就会很自在
16．做事做得不顺利时，会把东西摔在地上，大哭大闹
17．逛街时，他很容易接受大人用别的东西取代他想要的玩具或糖果
18．不论在室内或室外活动，孩子常用跑的而少用走的
19．喜欢和大人上街买东西（例如上市场或百货公司或超级市场）
20．每天上床后，差不多一定时间内就会睡着
21．喜欢尝试吃新的食物
22．当妈妈很忙，无法陪他时，他会走开去做别的事，而不会一直缠着妈妈

（待　续）

第五部分 相关心理问题常用量表

（续　表）

23.	很快地注意到各种不同的颜色（如会指出哪些颜色不好看）
24.	在游乐场玩时，很活跃，定不下来，不断地跑，爬上爬下，或扭动身体
25.	如果他拒绝某些事，例如理发、梳头、洗头等，经过几个月后，他仍会表示抗拒
26.	当他在玩一样喜欢的玩具时，对突然的声音或身旁他人的活动不太注意，顶多只是抬头看一眼而已
27.	玩得正高兴而被带开时，他只是轻微的抗议，哼几声就算了
28.	经常提醒父母答应他的事（例如什么时候带他去哪里玩等）
29.	和别的小孩一起玩，会不友善地和他们争论
30.	到公园或别人家玩时，会去找陌生的小朋友玩
31.	晚上的睡眠时数不一定，时多时少
32.	对食物的冷热不在乎
33.	对陌生的大人，如果感到害羞的话，很快地（约半小时之内）就能克服
34.	会安静地坐着听人家唱歌，或者听人家读书，或听人家说故事，人家唱歌、读书、说故事时，他会安静地坐着
35.	当父母责骂他时，他只有轻微的反应，例如，只是小声地哭或抱怨，而不会大哭大叫
36.	生气时，很难转移他的注意力
37.	学习一项新的体能活动时（例如溜冰、骑脚踏车、跳绳子等），他肯花很多的时间练习
38.	每天肚子饿的时间不一定
39.	对光线明暗的改变相当敏感
40.	和父母在外过夜时，在别人的床上不易入睡，甚至持续几个晚上还是那样

（待　续）

（续　表）

41．盼望去上托儿所、幼儿园或小学
42．和家人去旅行时，很快地就能适应新环境
43．和家人一起上街买东西时，如果父母不给他买他要的东西（例如：糖果、玩具、或衣服），便会大哭大闹
44．烦恼时，很难抚慰他
45．天气不好，必须留在家里时，会到处跑来跑去，对安静的活动不感兴趣
46．对来访的陌生人，会立刻友善地打招呼或接近他
47．每天食量不定，有时吃得多，有时吃得少
48．玩一样玩具或游戏，碰到困难时，很快地就会换别的活动
49．不在乎室内、室外的温度差异
50．如果他喜欢的玩具坏了或游戏被中断了，他会显得不高兴
51．在新环境中（如托儿所、幼儿园或小学），2～3天后仍无法适应
52．虽然不喜欢某些事，例如：剪指甲、梳头等，但是一边看电视或一边逗他时，他可以接受这些事
53．能够安静地坐下来看完整个儿童影片、球赛、电视长片等
54．不喜欢穿某件衣服时，会大吵大闹
55．星期假日的早上，他仍像平常一样按时起床
56．当事情进行得不顺利时，他会向父母抱怨别的小朋友（说其他小孩的不是）
57．对衣服太紧、会刺人或不舒服相当敏感，且会抱怨
58．他的生气或懊恼很快就会过去
59．日常活动有所改变时（例如：因故不能去上学或每天固定的活动改变）很容易就能适应

（待　续）

第五部分 相关心理问题常用量表

（续 表）

60.	到户外（公园或游乐场）活动时，他会静静地自己玩
61.	玩具被抢时，只是稍微地抱怨而已
62.	第一次到妈妈不在的新环境中（例如：学校、幼儿园、音乐班）时，会表现烦躁不安
63.	开始玩一样东西时，很难转移他的注意力，使他停下
64.	喜欢做些较安静的活动，例如：看书、看电视
65.	玩游戏输时，很容易懊恼
66.	宁愿穿旧衣服，而不喜欢穿新衣服
67.	身体弄脏或弄湿时，并不在乎
68.	对于和自己家里不同的生活习惯很难适应
69.	对于每天所遭遇的事情，反应不强烈
70.	吃饭的时间延迟 1 小时或 1 小时以上也不在乎
71.	烦恼时，让他做别的事，可以使他忘记烦恼
72.	孩子做事时，虽然给他一些建议或协助，他仍然依照自己的意思做

（九）Achenbach 儿童行为量表

Achenbach 儿童行为量表（CBCL，表 5-9），是在众多的儿童行为量表中用得较多，内容较全面的一种。它是由 Achenbach 于 1970 年编制并首先在美国使用，1980 年我国引进适用于 4～16 岁的家长用表，在上海及其他城市作了较广泛的应用，并总结出了我国常模的初步数据。该量表具有良好的信度及效度，目前已经成为国际上应用最广泛的儿童行为评定工具之一。

突发应急事件儿童青少年心理问题识别及应对

　　Achenbach 量表主要用于筛查儿童的社交能力和行为问题。包括四种版本，家长用（2种）、教师用、年长儿童自评用。通过该量表可以帮助我们识别在突发应急事件下儿童青少年存在的情绪问题和行为等问题，但并不能给出心理障碍的诊断，仅供心理学工作者参考使用。本书中主要介绍目前使用最多的 4~16 岁儿童家长问卷。量表内容主要分为三部分：第一部分为一般项目，如姓名，性别，年龄，出生日期，种族，填表日期等。第二部分为社交能力包括参加体育运动情况，课余爱好，参加集体（组织）情况，课余职业或劳动，交友情况，与家人及其他小孩相处情况，在校学习情况共七类。第三部分为行为问题包括 113 条目。填表时请熟悉儿童青少年情况的家属根据受试者最近 6 个月内的表现进行计分。该量表计分方式较为复杂，目前基本已经采用计算机进行统计分析，在此不再阐述。在统计分析结束后进行测验解释时，第一部分不计分，但分析时需要注意父母职业，这往往与家庭经济情况有关。第二部分的社会能力分为 3 个因子，即活动情况、社交情况、学习情况，得分越高表示受试者社会能力越强。在面对突发应急事件时越能有效应对和处理。第三部分每一条行为问题都有一个分数，称为粗分，113 条粗分相加得到总粗分，分数越高，行为问题越大。分数越低，出现行为问题越小。

第五部分 相关心理问题常用量表

表 5-9 Achenbach 儿童行为量表（家长用，适用于 4～16 岁儿童）

本表内容可分三个部分，请根据您孩子的实际情况填写。各项目后有横线者请用文字填写；有小方框者，请在相应的方框内打 ×；
第一部分：一般项目
儿童姓名：
性别：男　女
年龄：出生日期：　年　　月　　日
年级：　　　　　　　　种族：
父母职业（请填具体，例如车工、鞋店售货员、主妇等）
父亲职业：
母亲职业：
填表者：父　母　其他人口：
填表日期：　年　　月　　日
第二部分：社会能力
Ⅰ．（1）请列出你孩子最爱好的体育运动项目（例如，游泳、棒球等）：
无爱好□
课余爱好：a.
b.
c.
（2）与同龄儿童相比，他（她）在这些项目上花去时间多少？
不知道　较少　一般　较多
（3）与同龄儿童相比，他（她）的运动水平如何？
不知道　较低　一般　较高
Ⅱ．（1）请列出你孩子在体育运动以外的爱好（例如集邮、看书、弹琴等，不包括看电视）
无爱好□
爱好：a.

（待　续）

(续 表)

b.
c.
（2）与同龄儿童相比，他（她）花在这些爱好上的时间多少？ 　　　不知道　较少　一般　较多
（3）与同龄儿童相比，他（她）的爱好水平如何？ 　　　不知道　较低　一般　较高
Ⅲ.（1）请列出你孩子参加的组织、俱乐部、团队或小组的名称
未参加□
参加：a.
b.
c.
（2）与同龄的参加者相比，他（她）在这些组织中的活跃程度如何？ 　　　不知道　较差　一般　较高
Ⅳ.（1）请列出你孩子有无干活或打零工的情况（例如送报、帮人照顾小孩、帮人搞卫生等）
没有□
有：a.
b.
c.
（2）与同龄儿童相比，他（她）工作质量如何？ 　　　不知道　较差　一般　较好
Ⅴ.（1）你孩子有几个要好的朋友？ 　　　无　1个　2～3个　4个及以上
（2）你孩子与这些朋友每星期大概在一起几次？ 　　　不到一次　1～2次　3次及以上

（待　续）

（续　表）

Ⅵ．与同龄儿童相比，你孩子在下列方面表现如何？			
	较差	差不多	较好
a. 与兄弟姐妹相处	□	□	□
b. 与其他儿童相处	□	□	□
c. 对父母的行为	□	□	□
d. 自己工作和游戏	□	□	□

Ⅶ．（1）当前学习成绩（对6岁以上儿童而言）
未上学□

	不及格	中等以下	中等	中等以上
a. 阅读课	□	□	□	□
b. 写作课	□	□	□	□
c. 算术课	□	□	□	□
d. 拼音课	□	□	□	□
其他课（如历史、地理、常识、外语等）	不及格	中等以下	中等	中等以上
	□	□	□	□
	□	□	□	□
	□	□	□	□

（2）你孩子是否在特殊班级？
不是□
是□，什么性质？

（3）你孩子是否留级？
没有□
留过□，几年级留级？

留级理由：（4）你孩子在学校里有无学习或其他问题（不包括上面3个问题）？

（待　续）

（续 表）

没有□
有问题□
问题内容：
问题何时开始：
问题是否已解决？
未解决□
已解决□，何时解决：

第三部分：行为问题

Ⅷ. 以下是描述你孩子的项目。只根据最近半年内的情况描述。每一项目后面都有3个数字（0，1，2），如你孩子明显有或经常有此项表现，圈2；如无此项表现，圈0。

1. 行为幼稚与其年龄不符	0	1	2
2. 过敏症状（填具体表现）	0	1	2
3. 喜欢争论	0	1	2
4. 哮喘病	0	1	2
5. 举动像异性	0	1	2
6. 随地大便	0	1	2
7. 喜欢吹牛或自夸	0	1	2
8. 精神不能集中，注意力不能持久	0	1	2
9. 老是想某些事情不能摆脱，强迫观念（说明内容）	0	1	2
10. 坐立不安活动过多	0	1	2
11. 喜欢缠着大人或过分依赖	0	1	2
12. 常说感到寂寞	0	1	2
13. 糊里糊涂，如在云里雾中	0	1	2

（待 续）

（续 表）

14. 常常哭叫	0	1	2
15. 虐待动物	0	1	2
16. 虐待、欺侮别人或吝啬	0	1	2
17. 好做白日梦或呆想	0	1	2
18. 胡意伤害自己或企图自杀	0	1	2
19. 需要别人经常注意自己	0	1	2
20. 破坏自己的东西	0	1	2
21. 破坏家里或其他儿童的东西	0	1	2
22. 在家不听话	0	1	2
23. 在校不听话	0	1	2
24. 不肯好好吃饭	0	1	2
25. 不与其他儿童相处	0	1	2
26. 有不良行为后不感到内疚	0	1	2
27. 易嫉妒	0	1	2
28. 吃喝不能作为食物的东西	0	1	2
29. 除怕小学外，还害怕某些动物、处境或地方	0	1	2
30. 怕上学	0	1	2
31. 怕自己想坏念头或做坏事	0	1	2
32. 觉得自己必须十全十美	0	1	2
33. 觉得或抱怨没有人喜欢自己	0	1	2
34. 觉得别人存心捉弄自己	0	1	2
35. 觉得自己无用或有自卑感	0	1	2
36. 身体经常弄伤，容易出事故	0	1	2
37. 经常打架	0	1	2

（待 续）

突发应急事件儿童青少年心理问题识别及应对

（续　表）

38. 常被人戏弄	0	1	2
39. 爱和出麻烦的儿童在一起	0	1	2
40. 听到某些实际上没有的声音	0	1	2
41. 冲动或行为粗鲁	0	1	2
42. 喜欢孤独	0	1	2
43. 撒谎或欺骗	0	1	2
44. 咬指甲	0	1	2
45. 神经过敏，容易激动或紧张	0	1	2
46. 动作紧张或带有抽动性	0	1	2
47. 做噩梦	0	1	2
48. 不被其他儿童喜欢	0	1	2
49. 便秘	0	1	2
50. 过度恐惧或担心	0	1	2
51. 感到头昏	0	1	2
52. 过分内疚	0	1	2
53. 吃得过多	0	1	2
54. 过分疲劳	0	1	2
55. 身体过重	0	1	2
56. 找不出原因的躯体症状：	0	1	2
a. 疼痛	0	1	2
b. 头痛	0	1	2
c. 恶心想吐	0	1	2
d. 眼睛有问题（不包括近视及器质性眼病）	0	1	2

（待　续）

第五部分 相关心理问题常用量表

（续 表）

e. 发疹或其他皮肤病	0	1	2
f. 腹部疼痛或绞痛	0	1	2
g. 呕吐	0	1	2
h. 其他（说明内容）	0	1	2
57. 对别人身体进行攻击	0	1	2
58. 挖鼻孔、皮肤或身体其他部分	0	1	2
59. 公开玩弄自己的生殖器	0	1	2
60. 过多地玩弄自己的生殖器	0	1	2
61. 功课差	0	1	2
62. 动作不灵活	0	1	2
63. 喜欢和年龄较大的儿童在一起	0	1	2
64. 喜欢和年龄较小的儿童在一起	0	1	2
65. 不肯说话	0	1	2
66. 不断重复某些动作，强迫行为	0	1	2
67. 离家出走	0	1	2
68. 经常尖叫	0	1	2
69. 守口如瓶，有事不说出来	0	1	2
70. 看到某些实际上没有的东西	0	1	2
71. 感到不自然或容易发窘	0	1	2
72. 玩火（包括玩火柴或打火机等）	0	1	2
73. 性方面的问题	0	1	2
74. 夸自己或胡闹	0	1	2
75. 害羞或胆小	0	1	2

（待 续）

突发应急事件儿童青少年心理问题识别及应对

（续 表）

76．比大多数孩子睡得少	0	1	2
77．比大多数孩子睡得多（不包括赖床）	0	1	2
78．玩弄粪便	0	1	2
79．言语问题（例如口齿不清）	0	1	2
80．茫然凝视	0	1	2
81．在家偷东西	0	1	2
82．在外偷东西	0	1	2
83．收藏自己不需要的东西（不包括集邮等爱好）	0	1	2
84．怪异行为（不包括其他条已提及者）	0	1	2
85．怪异想法（不包括其他条已提及者）	0	1	2
86．固执、绷着脸或容易激怒	0	1	2
87．情绪突然变化	0	1	2
88．常常生气	0	1	2
89．多疑	0	1	2
90．咒骂或讲粗话	0	1	2
91．声言要自杀	0	1	2
92．说梦话或有梦游（说明内容）	0	1	2
93．话太多	0	1	2
94．常戏弄他人	0	1	2
95．乱发脾气或脾气暴躁	0	1	2
96．对性的问题想得太多	0	1	2
97．威胁他人	0	1	2
98．吮吸大拇指	0	1	2
99．过分要求整齐清洁	0	1	2

（待 续）

（续 表）

100. 睡眠不好	0	1	2
101. 逃学	0	1	2
102. 不够活跃，动作迟钝或精力不足	0	1	2
103. 闷闷不乐，悲伤或抑郁	0	1	2
104. 说话声音特别大	0	1	2
105. 喝酒或使用成瘾药	0	1	2
106. 损坏公物	0	1	2
107. 白天遗尿	0	1	2
108. 夜间遗尿	0	1	2
109. 爱哭诉	0	1	2
110. 希望成为异性	0	1	2
111. 孤独、不合群	0	1	2
112. 忧虑重重	0	1	2
113. 请写出你孩子存在的但上面未提及的其他问题：			

二、他评量表

他评量表的填表人一般为经过专业训练的评定人员。一般由专业人员担任，如心理评估工作者、心理医师、护士、心理咨询师等。评定者既可以根据自己的观察，也可以询问知情者意见，或者综合这两方面的情况对受试者来进行评价。评定者必须具有与使用量表内容相关的专业知识，并接受过训练。在儿童青少年的诊疗临床中比较常用的是简明精神病量表、临床用创伤后应激障碍量表（CAPS）等。这一类量表由取得相应资质的专业人员使用。

（一）简明精神病量表

简明精神病量表（the brief psychiatric rating scale，BPRS，表5-10）是由Ovrerall和Gorhham于1962年编制，是精神心理科使用最广泛的量表之一。主要用于精神心理科临床评估精神病性症状严重程度的他评量表，可以帮助精神心理科专业人员描述存在精神障碍表现受试的严重程度及精神病理表现的指标。BPRS在引入我国时做了中文版的信度、效度检验，并制定了工作用评定标准。是一个具有良好信度、效度的量表。儿童青少年在突发应急事件发生后，心理受到较大冲击后，有些儿童青少年可能出现一些精神疾病的症状，这就需要精神心理科医师进行及时的诊断及治疗。该量表为精神心理科医师进行诊疗提供一些专业资料，辅助医师了解受试精神症状并将精神症状进行量化。

BPRS有16项和18项两个版本，目前在临床中最常用的为18项版本。其中包含关心身体健康、焦虑、情感交流障碍、概念紊乱、罪恶观念、紧张、装相和作态、夸大、心境抑郁、敌对性、猜疑等18个条目。所有项目均采用1～7分的7级评分法。1分表示无症状，2分表示可

第五部分 相关心理问题常用量表

疑或很轻，3分表示轻度，4分表示中度，5分表示偏重，6分表示重度，7分表示极重。如果未测，则记0分。主试一般由经过训练的精神科专业人士担任，在评估过程中需要注意的是除了对患者做量表精神检查外，还需要综合患者的口头表达和实际观察情况，根据条目定义和经验进行综合评分。相关条目可以参考其他知情人意见进行补充。一次评定大概需要20~30分钟的访谈和观察。一般评定的是受试前1周的情况。也可根据评估目的设定评估时间范围。

结果分析：

1. 总分　是所有项目得分的算术和。一般在18~126分之间。反映的是疾病的严重性。总分越高，病情越严重。一般研究入组标准定为＞35分。

2. 单项分　反映的是症状的分布和靶症状的严重程度。在1~7分之间，一般应用较少。

3. 因子分　反映受试者症状群的分布和疾病的临床特点，并根据得到的因子分画出症状群廓图。一般归纳为5个因子：①焦虑忧郁，包括1、2、5、9四项；②缺乏活力，包括3、13、16、18四项；③思维障碍，包括4、8、12、15四项；④激活性，包括6、7、17三项组成；⑤敌对猜疑，包括10、11、14三项。每个因子分即是因子所包含的项目得分的算术均数，在0~7分之间。

表 5-10　简明精神病量表（BPRS）

依据口头叙述	依据检测观察	未测	无	很轻	轻度	中度	偏重	重度	极重
\multicolumn{10}{c}{请圈出最适合患者的分数}
1. 关心身体健康		0	1	2	3	4	5	6	7
2. 焦虑		0	1	2	3	4	5	6	7
	3. 情感交流障碍	0	1	2	3	4	5	6	7
4. 概念混乱		0	1	2	3	4	5	6	7
5. 罪恶观念		0	1	2	3	4	5	6	7
	6. 紧张	0	1	2	3	4	5	6	7
	7. 装相和作态	0	1	2	3	4	5	6	7
8. 夸大		0	1	2	3	4	5	6	7
9. 心境抑郁		0	1	2	3	4	5	6	7
10. 敌对性		0	1	2	3	4	5	6	7
11. 猜疑		0	1	2	3	4	5	6	7
12. 幻觉		0	1	2	3	4	5	6	7
	13. 动作迟缓	0	1	2	3	4	5	6	7
	14. 不合作	0	1	2	3	4	5	6	7

（待　续）

（续 表）

依据口头叙述	依据检测观察	请圈出最适合患者的分数							
		未测	无	很轻	轻度	中度	偏重	重度	极重
15. 异常思维内容		0	1	2	3	4	5	6	7
	16. 情感平淡	0	1	2	3	4	5	6	7
	17. 兴奋	0	1	2	3	4	5	6	7
18. 定向障碍		0	1	2	3	4	5	6	7

（二）临床用创伤后应激障碍量表

临床用创伤后应激障碍量表（CAPS，表5-11）于1990年由美国国立PTSD研究中心的Blake等编制用于评估PTSD症状严重性和诊断状态的一种定式晤谈工具，可以用于了解受试者存在的创伤后应激障碍的症状及诊断。自开发此工具以来，近年已经成为创伤领域应用最广泛的标准化诊断工具，分成人版及儿童青少年两个版本，由中南大学湘雅二医院精神卫生中心研究所翻译成中文。国外报道CAPS信度和效度良好，我国虽研究应用了本量表，但是尚无本量表信度和效度研究报道。CAPS共有30个项目，对应DSM-4PTSD诊断标准。分成A～F及附加症状7个部分。A 为创伤性事件评估。B 为再体验症状。C 为回避和麻木症状。D 为高警觉症状。E 为疾病病程。F 为功能损害及其他伴随症状。按照 0~4 分 5 级级评定法，评估单一 PTSD 症状的频率及强度。该量表必须由经过训练合格的专业人员操作。访谈围绕可能导致 PTSD 的应激源进行。如果存在多个严重事件，一般以最初的、最严重的、最近发生的、影响最大的或者让受试者自己决定。回顾的期限为 1 周、1 个月或者终生。本量表有诊断和症状严重程度两项结果。前者指是否符合 PTSD 诊断及其亚型。后者指症状严重程度：量表作者认为 PTSD 患者 17 项核心症状的总分≤19 分为无症状。20~39 分为轻度，40~59 分为中度，60~79 分为严重，≥80 分为极重。CAPS 总分的改变≥15 分，认为是存在临床症状显著改善的标记。

表 5-11　临床用 PTSD 量表（CAPS）

A 创伤性事件：（描述）								
B 再体验症状	过去 1 周			过去 1 个月			终身		
	F	I	F+I	F	I	F+I	F	I	F+I
（1）闯入性回忆									
（2）相关噩梦									
（3）闪回									
（4）提醒的心理痛苦									
（5）提醒的生理反应									

（待　续）

第五部分 相关心理问题常用量表

（续　表）

B 症状总分									
标准 B 症状的数目（需要1 条）									

C 回避和麻木症状	过去 1 周			过去 1 个月			终身		
	F	I	F+I	F	I	F+I	F	I	F+I
（6）思考感受回避									
（7）回避活动、地点和人物									
（8）创伤部分失忆									
（9）活动兴趣减退									
（10）分离感或疏离感									
（11）情感范围受限									
（12）未来计划缺失									
C 症状总分									
标准 C 症状数目（需要 3 条）									

D 高警觉症状	过去 1 周			过去 1 个月			终身		
	F	I	F+I	F	I	F+I	F	I	F+I
（13）入睡或维持睡眠困难									
（14）易激惹或易怒									
（15）注意力不集中									
（16）警觉性高									
（17）夸大的惊吓反应									
D 症状总分									
标准 D 症状的数目（需要2 条）									

（待　续）

突发应急事件儿童青少年心理问题识别及应对

（续　表）

F，I 和严重程度（F+I）总分	过去1周			过去1个月			终身		
	F	I	F+I	F	I	F+I	F	I	F+I
量表总分（B+C+D）									

F，I 和严重程度（F+I）总分	过去1周			过去1个月			终身		
	F	I	F+I	F	I	F+I	F	I	F+I
量表总分（B+C+D）									

E. 疾病病程	当前的		终身的	
（18）持续时间至少1个月	否	是	否	是
量表总分（B+C+D）				

F. 显著的痛苦和功能损害	过去1周	过去1个月	终身
（19）主观痛苦			
（20）社交功能损害			
（21）职业功能损害			
至少1项≥2吗？	否　是	否　是	否　是
PTSD 诊断	当前的		终身的
当前符合所有标准 A-F 吗？	否　是		否　是
（22a）延迟发生（≥6个月延迟）	否　是		否　是
（22b）急性（<3个月=或慢性≥3个月）	急性　慢性		急性　慢性

（待　续）

第五部分 相关心理问题常用量表

（续 表）

总体评定	过去1周	过去1个月	终身
（23）访谈有效性总评			
（24）严重度总评			
（25）改进程度总评			

伴随/附加症状	过去1周			过去1个月			终身		
	F	I	F+I	F	I	F+I	F	I	F+I
（26）内疚感									
（27）幸存者内疚									
（28）周围清晰感的降低									
（29）现实解体									
（30）人格解体									

注：F代表频度；I代表严重度。

小结：儿童青少年在面临突发应急事件时，因其年龄、自身心理素质、社会环境因素、人格特质等因素，影响儿童青少年的行为方式，进而对其心身产生明显的影响。常会出现抑郁、焦虑等情绪问题，应激相关障碍表现，甚至出现一些精神病性症状。目前，除了可以通过家属和教师的日常密切观察，心理学工作者根据临床症状进行识别外，也可以辅助使用一些常用量表来识别儿童青少年的行为、情绪等问题。本章中重点介绍了青少年心理弹性量表（CD-RISC量表）、儿童抑郁障碍自评量表（DSRSC）、青少年生活事件量表（ASLEC）、领悟社会支持量表（PSSS）、儿童焦虑性情绪障碍筛查表（SCARED）、艾森克个性问卷（7～15岁）EPQ、NYLS 3～7岁儿童气质问卷、创伤后应激障碍症状清单（PCL）、Achenbach儿童行为量表（CBCL）、简明精神病量表及临床用创伤后应激障碍量表（CAPS）。这些量表分别从自身易感因素中的气质、心理弹性、人格特质、家庭社会支持度、日常生活中儿童常见行为表现、常见的抑郁、焦虑情绪症状、应激相关障碍症状、精神病性症状进行了较为详细的评估，让广大读者在遇到这类问题时，可以根据来访者的具体情况进行相关量表的选择。最后，再次提示所有的量表结果仅供参考使用，不能代替心理学工作者及医师的诊断。

（朱娟娟　王裒冶　刘学军）

参 考 文 献

[1] 姚树桥，陈力，刘新民，等. 心理健康评定量表. 心理评估，2007，11（2）：284.

[2] 吴拥军. 神经外科术后患者创伤后成长与心韧性及疾病感知的关系. 护理研究，2015，29（5）：1839-1842.

[3] 桑利杰，陈光旭，朱建军. 大学生社会支持与学习适应的关系：心理韧性的中介作用. 中国健康心理学杂志，2016，24（2）：248-252.

[4] 张明园，何燕玲. 精神科评定量表手册，长沙：湖南科学技术出版社，2015：68-71，224-226，387-389，391-395，413-415，417.

[5] 苏林雁，王凯，朱焱，等，儿童抑郁障碍自评量表的中国城市常模. 中国心理卫生杂志，2003，17（8）：547-549.

第五部分　相关心理问题常用量表

［6］ 刘贤臣，刘连启，杨杰，等. 青少年生活事件量表的编制与信度效度测试. 山东精神医学，1997，10（1）：15-19.

［7］ 刘贤臣，刘连启，杨杰，等. 青少年生活事件量表的信度效度检验. 中国临床心理学杂志，1997，5（1）：34-36.

［8］ 李凌江，于欣. 创伤后应激障碍防治指南. 北京：人民卫生出版社，2010，6（4）：35.

［9］ 杨玉凤，王惠珊，等. 艾森克人格问卷（7～15岁），儿童发育行为心理评定量表，2016，6（2）：323-327.

［10］ 汪向东，王希林，马弘. 心理卫生评定量表手册（增订版）. 中国心理卫生杂志社，1999，2（7）：55-56.

［11］ 郭念锋，马建青. 心理咨询师（二级）. 北京：民族出版社，2015.

［12］ 苏林雁，李雪荣，万国斌，等. Achenbach儿童行为量表的湖南常模. 中国心理卫生杂志，1996，4（1）：24-28.

［13］ 李凌江，于欣. 创伤后应激障碍防治指南. 北京：人民卫生出版社，2010：33-34.

［14］ 张明园，何燕玲. 临床用创伤后应激障碍表. 精神科评定量表手册，2015，9（2）：220-222.

［15］ 苏林雁，王凯，朱焱，等. 儿童焦虑性情绪障碍筛查表的中国城市常模. 中国心理卫生杂志，2002，10（4）：270-272.

［16］ 辛红秀，姚树桥. 青少年生活事件量表效度与信度的再评价及常模更新. 中国心理卫生杂志，2015，29（5）：355-360.